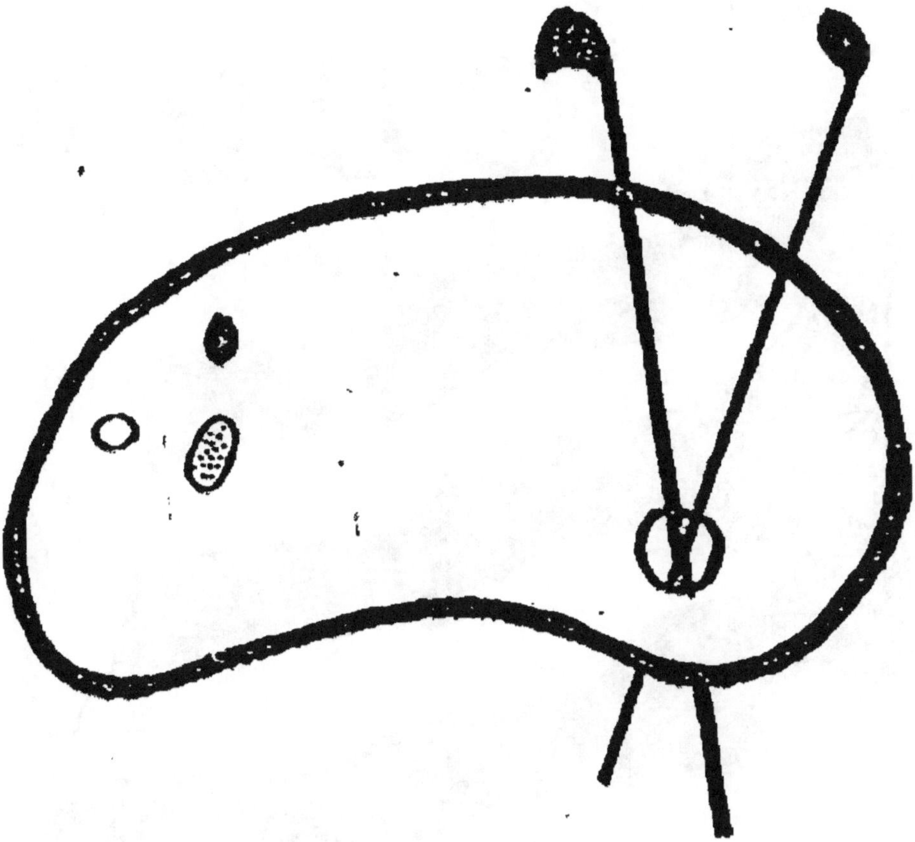

ORIGINAL EN COULEUR
NF Z 43-120-8

A TRAVERS CUBA

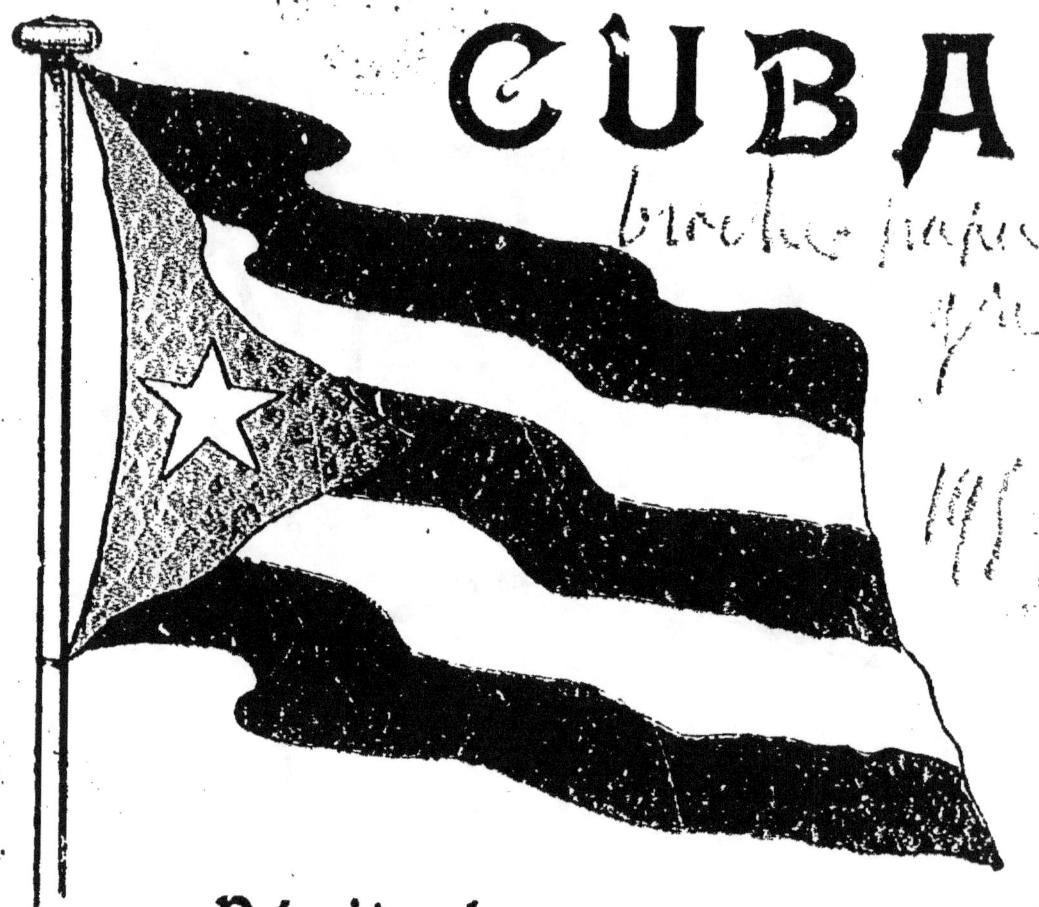

Récit de voyage
descriptif & économique

par

CHARLES BERCHON

Membre de la Société de Géographie

PARIS

A TRAVERS CUBA

Voyage exécuté en 1904, mais mis au point des statistiques les plus récentes.

Cet ouvrage, appartenant au genre moderne géographique statistique, contient de nombreux détails qui ont empêché souvent sa forme littéraire : tant de matières sont surtout destinées aux lecteurs désireux d'avoir les plus amples renseignements sur Cuba.

DÉPOT

En France : chez l'auteur CHARLES BERCHON, au castel de Camillac, près Bourg-sur-Gironde.

A l'étranger aux États-Unis.....................
Libraire...................................... à New-York.

A TRAVERS CUBA

RÉCIT DE VOYAGE

Descriptif et Economique

PAR

CHARLES BERCHON

Membre de la Société de Géographie

PARIS

SCEAUX

IMPRIMERIE CHARAIRE

1910

AVANT-PROPOS

Je suis, comme beaucoup, ennemi du froid, avide de soleil inséparable des terres fortunées ; cet astre éclaire sur une mer perdue, sous un ciel infini, une île qui apparaît en éternel sourire : c'est **CUBA**.

Un gai matin de décembre, j'atteignais en vapeur américain à l'installation confortable, à l'équipage affable, le *Mexico*, une baie de trois milles de circonférence, dont une des rives, de nature marécageuse, se creuse profondément dans la direction de collines basses, tandis que la rive opposée s'avance, sous forme de promontoire puissamment arrondi, qui porte la capitale : **LA HAVANE**.

CHAPITRE PREMIER

LA HAVANE

La ville et ses environs. Entreprise de la plantation des ananas. Institutions pour la sécurité citadine. Climat, mesures hygiéniques, hôpitaux, maisons de santé à de grandes sociétés d'assistance et de réunions agréables.

A l'arrivée, **LA HAVANE** apparaît avec un premier plan d'énormes constructions espacées, derrière lesquelles, dans la perspective légèrement montante, se confondent d'innombrables maisons. C'est un ensemble de pierres d'une tonalité uniformément jaunâtre, monochromie se trouvant entaillée par des voies rectilignes à la façon d'un immense damier.

Les premiers pas qu'on fait, quand on a mis pied à terre, sont assez malaisés. En sortant du pavillon pimpant qui sert de bureau de douane, on s'engage dans une rue étroite resserrée entre deux rangées de maisons comme entre deux falaises. Cette **rue Oficios** est encombrée de larges charrettes attelées de mules jusqu'aux places San-Francisco et de Armas. La dernière est agrémentée d'un square gracieux, après lequel vient une chaussée qui était dure à parcourir à mon passage.

Cette rue O'Reilly présentait un kilomètre d'étendue en défilé vraiment rebutant, occupé par des voitures de place aux roues caoutchoutées qui avançaient assez bien, mais aussi par des omnibus-tapissières aux roues ferrées qui patinaient sur un pavé atroce par trop souvent humide. De leur côté, les piétons n'avaient pour tout espace de passage, que deux trottoirs étroits à peine larges de quarante centimètres, où on devait sans cesse faire attention, pour ne pas se heurter, et pour ne pas descendre sur une voie qui n'avait guère d'écoulement d'eau, ses égouts s'engorgeant à certaines pluies qui causaient des bains de pieds. Aujourd'hui, la rue O'Reilly se parcourt des plus aisément, brille de propreté. Ses maisons massives ont des ouvertures larges, au travers desquelles se voient de beaux magasins, d'avenantes salles de restaurants, aux murs blancs, où il fera bon d'entrer, tout à l'heure, dès que nous aurons trouvé un domicile.

Se loger, n'est pas une sinécure, dans une cité dont l'importance s'accroît d'une année à l'autre ; ces dernières huit années, la population a augmenté de 50,000 âmes, sans qu'aient été établies en proportion les maisons d'habitation. Sans doute, on y trouve déjà des hôtels-palaces, assez d'autres hôtels, plusieurs maisons meublées, mais insuffisamment de pensions de famille, sanctuaires tranquilles qui sont choses si appréciables durant un long voyage. Le moindre logis a des prix fort élevés : un simple lit ne s'obtient pas à moins de cinq francs. Ce tarif s'abaissera lorsque de nouveaux locaux auront été construits ; et les restau-

rants plus nombreux pourront réduire leurs prix
qui sont actuellement de quatre à cinq francs pour
un repas ordinaire.

L'accroissement de la population nécessitera
une augmentation de ressources, qui mettra en
circulation des sommes plus considérables, et
pourra amener une unification monétaire dont le
besoin se fait sentir. Encore de nos jours, une extrême confusion règne parmi les monnaies ; des
pièces d'or, d'argent, espagnoles, mexicaines, américaines, anglaises, françaises, circulent à des taux
variés à dérouter la tête la plus solide.

Me voici enfin casé dans une **maison privée**
dont je veux décrire l'extérieur et l'intérieur. C'est
plutôt un rez-de-chaussée peint en tons clairs,
troué de larges ouvertures pourvues seulement de
persiennes, une à deux fenêtres et un portique.
L'architecture courante montre un aspect uni, de
simples barres de fer droites et deux montants de
bois plein qui constituent l'entrée.

L'architecture soignée comporte un avant-corps
à colonnes, ou de fausses colonnes cannelées, de
grosses lanternes, des grilles de fer forgé en vo-
lutes capricieuses. A l'intérieur, un vestibule « za-
guan », ordinairement vide, est occupé parfois sur
le côté par une voiture aux roues grêles. Il se dirige vers une large baie à arcade en plein cintre,
garnie de battants ferrés qui donnent passage vers
l'intérieur proprement dit. D'abord une pièce rec-
tangulaire, la salle à manger « comedor », avec
table, fauteuils à pieds en patins permettant de se
balancer. A gauche, une porte s'ouvre sur un
salon « sala », meublé d'une table revêtue de

marbre, de fauteuils de rotin, d'un piano, de plusieurs tableaux, agrandissements photographiques de personnages familiaux et historiques. A côté, se trouve une chambre, « habitacion », décorée d'une armoire à glace massive, d'un miroir sur socle trapu avec deux parties avançantes à tiroirs, d'un lit volumineux à sommier en simples mailles d'acier qui supportent le minimum de literie. Cette chambre communique avec trois, quatre, cinq pièces identiques se succédant à la file, et chacune avec porte et fenêtre. La cour, ou « patio », occupe un espace allongé au fond duquel est située la cuisine, « cocina », uniquement pourvue d'un fourneau massif en maçonnerie percé de peu de trous, et d'un ustensile populaire, un gros mortier en pierre poreuse filtrant l'eau. Toutes les pièces ont des murs simples, des plafonds hauts, un pavage presque uniforme de carreaux ou dalles larges. L'air circule largement par-dessus des portes résumées par deux petits volets courts, ou seulement des vitres enluminées. Des vitraux de couleurs vives variées, emplissent le cintre qui surmonte les deux grandes portes de la salle à manger. Agréablement impressionné par l'intérieur de la maison privée, au plan rigoureusement régulier, invariablement peinte en blanc, rehaussée d'encadrements bleus, j'arrive à un établissement où se coudoie un nombreux public.

C'est le restaurant, vaste salle aux murs impeccablement blancs, à larges tables rondes nappées de linge immaculé. Des repas sont servis : vers huit heures le petit déjeuner ou « desayuno », de dix heures à midi le déjeuner ou « almuerzo », de cinq à sept heures le dîner ou « comida ». D'alertes garçons, vêtus d'un pantalon et d'une simple chemise blanche, ou de couleur, viennent offrir une appétissante cuisine : nombreuses soupes, viandes en sauce, excellent foie de veau, hachis de viande fraîche ou de conserve, quantité de poissons, de riz blanc ou jaune, de légumes farineux, de fruits, de pâtes et gelées de goyave, ananas, coco, de confitures servies en même temps que le fromage pâte grasse. Un bon café se donne gratuitement. Comme plats vraiment spéciaux, on trouve :

Patas ou ragoût de pieds de veau, aux pommes de terre, olives et raisins confits ;

Ajiaco ou ragoût soit de bœuf, soit de porc, aux bananes, tubercules, calebasses et rondelles de maïs ;

Tasajo de Puerto-Principe ou hachis de viande de conserve, aux rondelles de patates douces mêlées de citron ;

Riz jaune aux petits morceaux de porc, jambon, ou moules ;

Farine de maïs au porc, poulet, ou crabes ;

L'aguacate, sorte de longue poire extérieurement verte ou violacée, et intérieurement jaune, contenant un beurre végétal à goût de noisette, qui justifie le proverbe : « No puedo comer sin aguacate. »

Après avoir adopté la coutume générale de boire de l'eau glacée, parfois violée pour une demi-bouteille de vin noir corsé Rioja Clarete, ou de bière Palatino, ou Tropical, je m'assimile aussi à d'autres coutumes invétérées : me faire cirer les chaussures par de nombreux artistes habiles à montrer les avantages de différents cirages, et me faire

raser par d'autres nombreux artistes en concurrence extrême dans chaque rue. Sitôt que ces précautions étaient prises, j'étais prêt à visiter la ville.

Une rue soigneusement entretenue, au milieu asphalté, aux trottoirs cimentés, a une vogue
justifiée, en ce qu'elle est l'artère où se trouvent
réunis les plus beaux magasins. Cette **rue Obispo**
renferme des produits de toutes nations, et beaucoup d'industrie française, cas qui prouve le bon
goût havanais. Tant d'articles sont resserrés dans
des vitrines assez étroites, suivies d'intérieurs profonds, le tout éclairé par une lumière tamisée par
des stores qui avancent considérablement. D'aussi
grands auvents de toile assombrissent moins d'autres magasins à articles espagnols aux tons clairs,
dans certaines rues commerciales plus larges :
San-Rafael, Neptuno, Galiano, et tant d'autres af-
fichant ouvertement le commerce de détail, tandis
que d'une manière moins apparente, le commerce
de gros est situé dans la rue Ricla. Sortant de cette
paisible voie, où se traitent les grosses affaires, on
trouve à bien des maisons en encoignure, de
bruyantes boutiques, *bodegas*, où sont servis des
verres d'eau, de vin, comptoirs entourés d'étagè-
res, d'articles de consommation et de ménage. Des
marchands intéressants de silhouette déambulent :
pousseur de petite charrette pleine de quincaillerie ; porteur de massive boîte vitrée surchargée
d'articles de colportage bon marché, ayant fait
nommer leur vendeur *baratillero*.

Allons au marché. Celui-ci, nommé **Plaza
del Vapor**, est une vaste construction au pourtour

en arcades, et au milieu composé d'une cour sectionnée en galeries qui abritent un fourmillement extraordinaire. Cette activité s'explique par l'important marché municipal qui assure quotidiennement l'existence urbaine. Des milliers de choses sont vendues ; surtout deux espèces de produits présentent des variétés intéressantes.

Les légumes comprennent : plusieurs genres de pommes de terre, *ordinaire*, commune *malangua*, douce *boniato*, longue *yuca*, volumineuse *ñame* parfois aussi grosse qu'un enfant d'un an étendant les bras ; *challote*, sorte de grosse noix verte de forme tourmentée, qui donne après cuisson une bonne pâte semblable à de la purée ; *quimbombo*, cornichon pointu à côtes, de goût agréable.

Les fruits consistent en : *oranges* à peau verte ou rouge ; *mangues* jaunes cœur et abricot ; *sapote*, sorte de pomme gris-rougeâtre à chair de nèfle se détachant par quartiers pleins de noyaux noirs comme des moules ; *caïmito*, sorte de grosse pomme violette à chair cramoisie de figue ; *mamey*, sorte de petit melon beige-poussiéreux à chair pourpre, douce, consommée ordinairement avec de la glace pilée ; *marañon*, forme de piment mou, jaune ou rouge, à curieuse graine extérieure et à chair blanche fondante ; *guanabana*, forme de grosse fraise vert foncé à piquants, à pulpe blanche très rafraîchissante ; *ananas* vert ou jaune ; *anon*, espèce de pomme de pin ; *mamoncillos* et *hicacos*, petites prunes ; *guayaba*, petit citron jaune au goût âpre, employé pour faire de la confiture ; *pomme rosée* au goût fin ; *tamarin* ; *papaye* ; *grenade* ; *canitela* ; *fruta bomba* ; *bananes* jaune ou rouge ; et enfin le *coco* et la *canne à sucre*.

Ne négligeons point la poissonnerie qui expose des spécimens savoureux : le *pargo*, le *colorado*, le *guagancho*, le *robalo*, la *sierra*, la *picua*, une morue *cherna*, une carpe *biajaca* ; la *sole* et le *turbot* sont peu consommés par les habitants.

Au premier étage, on est gaiement surpris par une colonie extraordinairement animée d'animaux vivants : poulets, coqs, canards, pigeons, pintades, dindons, oiseaux, lapins, etc. Une avenue de volières de toutes tailles et de toutes nuances claires serait assurément un lieu de captivité agréable, si un triste sort n'était annoncé par des escabeaux et des échelles aidant à la capture par de petites cages étroites, prochains lieux de tortures, et de larges écriteaux indiquant des vendeurs inhumains... surtout un qui affirme nettement sa cruauté par son enseigne : *el siboney*, le sauvage.

Autour du marché, des cavaliers emportent des volailles et des cannes à sucre qu'ils vont vendre par la ville ; des charrettes à capote apportent les fruits de la campagne. De nombreux gamins, amusés par mon chapeau haute forme, me lançaient des pommes, en disant que je portais une bombe à la dynamite. Je dus abandonner ce couvre-chef impopulaire en cette région, pour le panama, avec lequel je continuai ma course.

Une chose saisit vivement, en ces parages tropicaux : c'est que, suffisamment pourvus de légumes farineux, de fruits, de poissons, ils ne le sont pas en légumes secs, denrées et viandes de conserve. 25,000 tonnes de haricots blancs, noirs, rouges, de pois, de farine, de riz, de saindoux, de bacon, de jambon, de viandes salées de l'Amérique du Sud, viennent mensuellement approvisionner les magasins de vivres. Ces maisons importatrices se trouvent dans toutes les voies et sont une occasion de richesse pour leurs tenanciers. Telle est leur importance, qu'elles nécessitent l'existence d'une Bourse.

La **Lonja de Viveres** a pour but de faciliter les rapports de la vente et l'achat. Moyennant une cotisation mensuelle de cinq francs, n'importe quel commerçant, grand ou petit, peut venir examiner, comparer, acheter les produits alimentaires, et pour vingt-sept francs cinquante, le même commerçant peut exposer, offrir et vendre ses produits. Une grande quantité d'étalages, longs d'un mètre, montrent les échantillons de denrées les plus variées, qui rendent aisées une masse de transactions journalières, de sept heures à dix heures du matin. Ainsi les denrées venant d'importateurs, d'entrepositaires, même de petits détaillants, sont vite connues publiquement, et passent aussitôt entre les mains d'autres importateurs, entrepositaires, petits détaillants. Cette Bourse a obtenu tant d'adhérents, qu'en seize années elle est devenue toute-puissante. Non seulement, elle a pu servir des dividendes de 10 à 12 pour cent représentant un total de 592,800 francs, mais elle a encore soutenu des œuvres bienfaisantes patriotiques, avec 148,200 francs, et elle a réussi à faire monter son capital de 2 millions 494,000 francs à une somme permettant la construction de la **Lonja del Commercio**, nouvel édifice ayant coûté 4 millions 160,000 fr., étendu de 2,485 mètres carrés, haut de cinq étages, et renfermant tous les négociants de marchandises en général.

Passons maintenant de la ville commerciale à l'intensité de vie extraordinaire, à des quartiers plus calmes, qui servent surtout à l'habitation.

Il est des voies d'empreinte aristocratique qui impressionnent favorablement le visiteur. Une perspective du meilleur goût est une avenue bordée de gracieux lauriers, et de plaisantes maisons blanches aux pierres et colonnes irréprochables ; avenue qui s'étend jusqu'à un point au cachet fort élégant, un kiosque, derrière lequel est situé au delà d'un bras de mer, d'une façon très heureuse, un phare. Cette promenade **Marti** ne porte aucun tort à d'autres voies charmantes : la **corniche du Malecon**, qui est d'un côté voie riveraine de la mer, et d'un autre square riverain de l'entrée du port orné d'une statue de Neptune ; le **boulevard de l'Indienne** aux arbres élancés, plantés jusqu'à une fontaine à statue de marbre d'une femme indigène incarnant l'ancien temps cubain ; le **parc de Colomb** à carrés de palmiers ombrageant une vasque, repaire d'une famille de crocodiles ; la longue avenue Carlos-III étendant une infinité d'arbres et de petites statues, presque des sujets de pendules ; le quai Alameda-de-Paula, aux rangées d'arbres touffus, en vue d'un **port** étourdissant de vie. Un pivot d'animation, c'est le carrefour **Muelle-de-Luz**, et la place **San-Juan-de-Dios**, est un autre centre, mais moins pittoresque, en terrasse plantée d'aulnes, d'où partent les tramways se dirigeant vers les rues bourgeoises : Cuba, Habana, Aguiar, Concordia, Consulado, San-Lazaro, Manrique, Reina ; vers les rues populaires : Belazcoaïn, Dragones, Gloria, Sitios, Figuras, ces deux dernières aux curieuses impasses remplies de réduits ouvriers, enfin vers un défilé entre mille colonnes peintes bleu, mauve, rose ou vert : la **rue Calzada-del-Monte**. Après cette voie originale, on s'arrête sur la petite place Albear, avec la statue de cet ingénieur des eaux de la ville, et on se repose sur une grande place qui rallie les principales rues urbaines.

Le Parque Central, orné d'un monument au héros patriotique Marti, œuvre du sculpteur Vilalta Saavedra, est au milieu des meilleurs hôtels, cafés, cercles, théâtres, constructions en pierres, de bonne hauteur, sauf un bloc resté longtemps en rez-de-chaussée ouvert de quarante portes. Inachevée longtemps faute de fonds, la Manzana Gomez, qui valait 988,000 francs, valut jusqu'à 4 millions 940,000 francs, rapporta en location 115 francs par mètre carré, et 1 million 482,000 fr. pour la totalité. Cette plus-value permit la création d'étages supérieurs. Des améliorations transformeront aussi des terrains vagues, pierreux, herbeux, et un campement de wagons de la gare Villanueva, appelés forcément à être le plus beau quartier de la ville.

Des édifices publics ont un assez bon aspect ; cependant certains sont minés par l'humidité de l'air tropical, tel le vaisseau en pierres jaunes poreuses de la cathédrale à deux tours, datant de plusieurs siècles. Moins antiques, d'autres églises sont mieux conservées : l'élégante los Angeles, la décorative Merced, avec imitation de grotte de Lourdes, la sculptée Santo-Domingo, d'autres sanctuaires religieux ouverts à certaines fêtes : la chapelle des Jésuites de Belem, qui célèbre la Saint-Ignace, la chapelle des Carmes de San-Félipe, où est célébrée une messe de minuit aux sons d'un piano, d'une clarinette, de castagnettes, d'un triangle, d'un tambourin, de cris de coq, et un édifice qui offre, en novembre, à la Saint-Christophe, une messe rappelant la première dite au pays cubain en 1519, sous un arbre cotonnier : le Templete a de petites proportions, une nef de marbre, des colonnes de temple grec, date de 1828 ; il renfermait des bijoux et ne montre plus qu'un tableau ancien. C'est un dernier vestige de ce début du XVIe siècle à la création de l'agglomération havanaise nommée primitivement « Port Carenas ». A citer enfin une grande prison pouvant contenir 5,000 détenus et les corps de logis d'un arsenal.

Des **faubourgs** s'étendent : un fort joli par sa nouveauté est le **Vedado**, longue suite d'avenues somptueuses et de riches villas, exposées à l'air salin ; plusieurs files d'excavations dans le roc continuent des établissements de bains. Ces parages salutaires étaient autrefois propriété privée et chasse gardée. En outre, d'autres, salubres, attirent une assez nombreuse population : celui du **Cerro**, long, tortueux, à maisons confortables, séparées çà et là par d'agréables palmiers ; celui de **Jesus del Monte**, étendu, où les maisons offrent une succession de vérandas pittoresques à colonnes de bois ; et celui de **Regla**, irrégulier, aux maisons ouvrières.

Des **environs**, marqués chacun de leur caractère propre, se présentent : d'un côté, des prairies marécageuses s'élèvent vers des éminences plates à buissons boisés entre lesquels sont Guanabacoa, petite ville active de 14,368 âmes, et Cojimar, station balnéaire ; d'un autre, des mamelons sont surmontés souvent d'un bosquet et d'une maison à tour-terrasse, et s'agrémentent de cultures, de villages de plaisance Arroyo-Apolo et Arroyo-Naranjo aux gracieuses maisons de bois peintes en bleu, proches d'une vallée verdoyante à perte de vue ; d'un autre côté, une plaine en entonnoir montre des propriétés remarquables par une végétation luxuriante : Quinta-del-Obispo et Quinta-de-los-Molinos plantée de rosiers, d'araucarias, de palmiers énormes, d'un arbre curieux sculpté de noms historiques. Enfin une plaine découverte offre de loin en loin des oasis verdoyantes, entre autres une avenue de 176 palmiers, et **las Delicias**, parc de 76 essences d'arbres fruitiers, décoré de pièces d'eau, de volières d'animaux, de statues dont la *Vérité*, par Mercié. Il y a aussi une jolie chapelle, et une villa crénelée, composée d'une salle à manger sculptée, un salon blanc et or, un salon vert à fresques, un salon turc et une salle de billard. Au sortir du plus luxueux cottage havanais, un des rares possédant des vitres, une route conduit à une petite gorge enserrant la capricieuse **rivière Almendares**, détournée par un système de siphon vers un tunnel surmonté de deux kiosques, en un endroit appelé **Vento**.

Plus loin, vers l'ouest, une promenade intéressante se fait vers : Puentes Grandes aux riantes maisons s'échelonnant sur une pente rapide et tournante, **Marianao**, petite ville de plaisance de 9.222 âmes, étendant sa note claire jusqu'à une petite baie, à bains de mer. Après une villa de l'ambassadeur américain, lourde construction cubique,

une rue principale ornée d'un pin élégant de haute
futaie et le ravin embroussaillé du pont de Lisa,
commence la route proprement dite. Le chemin se
fraie entre taillis verts, cultures·de bananiers, de
tabacs, plusieurs sortes de palmiers, dont certains
au fût enflé, entre des propriétés qui s'interrompent
à l'apparition d'un village jalonné de nombreuses
lanternes-reverbères, Arroyo-Arenas, suivi de bois,
où est un arbre auquel furent pendus deux indigènes en temps insurrectionnel, et d'un village prospère par des cultures d'ananas.

L'ananas est une exploitation aisée qui donne
des produits de deux sortes, *piña blanca de
Habana*, et *piña de la tierra*. Ces espèces rendent
des fruits en un an à dix-huit mois ; de mars à
juillet se récoltent jusqu'à 18,000 douzaines, par
13 hectares 1/2 [1]. Au bout de trois ans, après
20,800 francs de frais, peuvent revenir 54,000 douzaines qui donnent un profit net de 50,960 francs.
Aussi, annuellement, toute l'île arrive à produire
25 à 30 millions de kilos valant environ 5 millions 200,000 francs, et en 1907 ont été exportés
18 millions 831,165 kilos valant 3 millions 693,606
francs.
Punta-Brava cultive l'ananas en des sillons très
réguliers. Des champs formaient ensemble, en
1904, 2,600 hectares, en cinq propriétés, donnant
plus de 2 millions de douzaines de fruits, une
d'entre elles exportant plus de 250,000 douzaines.
Mais tous ces ananas, aux tiges imitant des pointes
de fer peintes en gris, s'éclipsent entre des touffes

---

1. Cette mesure correspond à l'unité de superficie cubaine la
caballeria.

épaisses de palmiers. A mon passage, bien des milliers de ces arbres encombraient tellement un propriétaire, qu'il n'arrivait à les réduire qu'en offrant des primes très élevées.

Disparaissant sous une telle végétation, le hameau de Cangrejeras, pourvu d'une salle d'empaquetage fruitier, est le dernier site à voir à 18 kilomètres de la Havane, sur une des belles routes cubaines de 92 kilomètres allant à San-Cristobal. Au retour, est pris à Marianao un tramway électrique qui dévore 8 kilomètres et traverse les gentilles stations d'un plateau en vue de la mer, au bout duquel se voit la pittoresque embouchure de Chorrera, embarrassée de canots et de filets de pêche.

La Havane améliore chaque jour son organisation intérieure, et déjà se montrent des institutions organisées d'une manière parfaite et spéciale.

A mon passage, le corps des Pompiers, composé de 520 hommes volontaires, était payé annuellement par le public ; les commerçants donnaient 3,540 fr., vingt compagnies d'assurances d'incendie donnaient 39,960 francs, la municipalité versait 109,000 francs, et l'Etat souscrivait 60,000 francs. Ensuite la corporation de la Police réprimait la criminalité qui s'était abaissée de 75 pour cent. Chose curieuse, un aussi bon résultat était produit par très peu d'hommes : environ 1,100 qui représentaient à la fois la brigade de sûreté et la brigade secrète. Un personnel si peu nombreux était souvent sur les dents, tous les quatre jours soumis à trois jours de service de quinze heures, auxquels s'ajoutaient les services de réserve et de patrouille.

Il est vrai qu'une émulation intelligente existait parmi ces agents qui faisaient partie, avant les insurrections, du barreau, de la médecine et de l'armée. Tout ce monde policier, recruté et avançant par examens, était composé d'individus rendus inamovibles par une loi. Il accomplissait son métier avec une sollicitude telle, que certains de ses représentants n'hésitaient pas à se rendre à cheval pour simplement prévenir des pillages de poulaillers fréquents au Vedado. Enfin les moindres délits étaient annoncés par un précieux téléphone, mettant tous les coins de rue en communication avec un poste avertisseur central, Gamewell et Cⁱᵉ.

De cette façon, tranquillisés sur leur sécurité personnelle, les Havanais peuvent sortir à l'aise. Ils y sont engagés par un climat acceptable. Il est utile de dire qu'une même chaleur ne sévit pas d'un bout de l'année à l'autre ; des différences existent au point de former deux saisons. L'hiver, le thermomètre s'abaisse jusqu'à 9 degrés, quand, en été, il monte jusqu'à 40 degrés centigrades. Sans tenir compte de tels écarts thermiques, ni d'une altération anormale produite à peu près tous les cinq ans par un cyclone, on doit plutôt s'occuper des conditions météorologiques courantes. Chaque année, d'octobre à juin, la chaleur journalière est : le matin 24°, à midi 28°, le soir 26; et de juin à octobre, le thermomètre accuse : 26°, 30° à 32°, et 27°. Ces derniers temps, surtout septembre, sont atténués par une pluie bienfaisante tombant l'après-midi, et diminuant la température rendue ainsi plus agréable que celle invariablement sèche et chaude des mois d'hiver. En-résumé, tous les jours de l'année of-

frent du matin au soir une variation de cinq degrés,
ce qui constitue de bonnes conditions favorables à
la vie.

Une atmosphère salubre est entretenue par
des **mesures d'hygiène** très prévoyantes. Tous les
établissements publics, surtout les fabriques de
tabac, sont contraints d'éliminer les résidus des
nombreuses expectorations ouvrières. Chaque habitant doit entretenir sa maison, jeter ses déchets
de toute nature, boucher les puits, cuves et bouteilles d'eau ; il doit avoir un évier à bon robinet
et un closet à chute aquatique, aspergés parfois de
pétrole, mettre un crachoir dans sa maison. Toute
maladie contagieuse doit être déclarée à un médecin et à un inspecteur, et oblige le malade à rester
claquemuré chez lui où il est scrupuleusement sur-
veillé par un garde. Ensuite il fait désinfecter son
home par le formol et le sublimé corrosif. Ces
douze précautions suivies ponctuellement donnent
les meilleurs résultats.

La précaution de ne plus laisser découverte ou
stagnante l'eau empêche l'éclosion des mousti-
ques, de la femelle du *stegomyia fasciata* aux pat-
tes postérieures portant trois raies blanches, dont
les victimes transmettent au bout de onze jours,
la fièvre jaune. Et la mesure interdisant de laisser
traîner les crachats, empêche l'arrivée de la tuberculose. La fièvre jaune a maintenant entièrement
disparu, et la tuberculose est de plus en plus près
d'abdiquer son rôle dévastateur, qui décimait les
4/5e de la population. Un examen minutieux de
tous les immigrants rend impossible aussi l'accès
des maladies venant de l'étranger. Surtout les pau-

vres, exposés à négliger l'hygiène, sont obligés de purger une quarantaine au lazaret de Mariel, ou un minimum de cinq jours d'observation à l'établissement deTriscornia.

Toutes ces sages mesures sont dues à une administration remarquable. Cette dernière, composée de 368 employés, de policiers examinant chaque quinzaine les domiciles, et de médecins qui répandent les préceptes de salubrité dans les agglomérations ouvrières, dépend d'un vaste service sanitaire répandu dans tout le pays cubain, qui comprend 82 conseils d'hygiène municipaux. Ces derniers dressent la statistique de la mortalité générale descendue à 12,93 pour 1,000 âmes. Tant de conseils, dont certains ont installé gratuitement des consultations et procurent les remèdes, dépendent d'un conseil supérieur de la santé publique, dont les chefs montrent avec un juste orgueil un institut-laboratoire gouvernemental, supérieurement établi.

Par de gros sacrifices pécuniaires qui atteignent par an plus de 5 millions de francs, l'Etat cubain entretient une salubrité, améliorable encore par des sanatoria, dans un pays entier, ayant besoin de moins en moins de ses 30 hôpitaux. Et sa capitale aussi utilise graduellement moins trois grands asiles, et d'autres : San-Antonio, qui traite les maladies secrètes ; Animas, la fièvre jaune ; Mazorra, les aliénés ; et Beneficencia, qui hospitalise des enfants, ravissants, surtout lorsqu'ils roulent sur des nattes à l'heure de la sieste. La mortalité havanaise, descendue de 45 à 21 pour 1,000 âmes, est puissamment enrayée encore par les soins donnés sans compter par de puissantes sociétés particulières. Il est rare de voir pareille philanthropie à celle que montrent surtout trois maisons de santé

La *Quinta de salud Benéfica*, la plus ancienne, n'est pas très vaste, mais deux autres maisons similaires montrent, par une installation empruntée à de nombreuses nations, tous les bienfaits des plus modernes méthodes antiseptiques préconisées par Pasteur, Championnière, Terrier en France, Lister, Horsley en Angleterre, Albert en Autriche, Bergmann en Allemagne, et Gutierrez en Espagne.

La *Quinta de salud Covadonga*, sous la protection d'une vierge, soigne 200 malades ; certains passent dans un joli pavillon d'opération, et les convalescents, dans un autre superbe pavillon d'hydrothérapie et de gymnastique, situé dans un parc riant, renfermant aussi une élégante chapelle.

La *Quinta de salud de la Purissima Concepcion*, sous la protection d'une autre vierge, soigne 700 malades de toutes nations, occupant des logis pavés en mosaïque bleue. Leurs cas sont étudiés dans un beau laboratoire, et leurs aliments élaborés dans une spacieuse cuisine. Cet établissement possède une porte de sortie en arc de triomphe.

La Quinta Covadonga a montré en quatre années, de mars 1897 à juillet 1901, 2,057 survivants sur 2,066 opérés, une mortalité de pas plus que 4.35 pour 1,000 âmes ; et la Quinta de la Purissima Concepcion a montré en un seul trimestre une mortalité de rien que 1,46 pour 1,077. De tels résultats sont d'autant plus appréciés qu'ils sont obtenus gratuitement pour les malades, parce qu'une infinité de sociétaires paient des cotisations mensuelles de un peso 1/2 argent espagnol, ou 5 fr. 25, qui couvrent en même temps l'instruction et le plaisir offerts libéralement surtout par trois institutions de très grande envergure.

Ces cercles, qui ne remontent pas à plus de 25 années, succèdent à une première organisation du milieu du XIX⁰ siècle, Casa de Larrazabal, et à d'autres : del Rey, Garcini, Integridad, Nacional, Catalanes, plus heureuses qu'une tentative particulière d'un jeune docteur créateur d'un sanatorium et d'une école d'infirmières. Elles furent établies pour servir de lieu de réunion et venir en aide aux gens arrivant en contrée cubaine, non pas pour de passagères situations administratives, mais plutôt pour un but plus intéressant de colonisation. Elles se composent d'hommes de tout âge, de toutes classes, de toutes professions, de souche castillane par leurs parents habitant l'île ou l'Espagne. Principalement certaines provinces de cette dernière fournissaient un fort contingent venant coloniser, qui eut le bon sens de se grouper en grandes sociétés de réunion devenues très prospères.

Le cercle de la Quinta Benéfica se nomme *Centro Gallego*, est ouvert aux gens de la Galice, au nombre dépassant 15,000, qui constituent une association suffisamment riche pour pouvoir prendre sur ses ressources, 2 millions 250,000 francs employés à l'acquisition de maisons de bon rapport, comme le grand théâtre national.

Le cercle de la Quinta Cavadonga se nomme *Centro Asturiano*, est ouvert aux gens des Asturies, au nombre dépassant 20,000. C'est une association au capital de plus de 2 millions 500,000 fr., propriétaire d'un des premiers immeubles citadins acheté 400,000 francs, transformé à raison de 500,000 francs, devenu superbe avec escaliers de marbre, salles avec lustres en cristal Baccarat, salon de sessions avec tableaux de présidents et une bannière joliment brodée des écussons de la Havane, de Cuba, des Asturies, d'Espagne.

Cette société sert une rente annuelle de 75,000 francs aux écoles publiques, et consacre aussi une somme importante à faire des cours de grammaire, géographie, histoire, français, anglais. calcul, sténographie, dactylographie, dessin, commerce, cours s'adressant aux deux sexes.

Le cercle de la Quinta Purissima Concepcion, se nomme *Centro de Dependientes*, est ouvert à toutes sortes d'employés commerciaux et fonctionnaires, reçus dès l'âge le plus tendre, jusqu'à cinquante ans ; ces membres personnifient les différentes provinces espagnoles. Cette association, comprenant plus de 30,000 adeptes et en inscrivant 1,200 par mois, possède un capital allant au delà de 2 millions 079,513 francs, et est propriétaire du plus bel immeuble havanais inauguré ces dernières années, flambant neuf, à pierres et fenêtres en doubles arcades aux trois étages revêtus de marbre. Il est composé : 1° de cabinet de consultations médicales, douche, gymnase, classes d'instruction primaire, langues étrangères, commerce, machine à écrire, cours de coupe pour les enfants des associés ; 2° de bibliothèque, salle de lecture, de jeux, café, bureaux de direction, et enfin 3° d'un immense salon de fêtes mesurant plus de 3,000 mètres carrés de superficie. Ce local est le quartier général d'une trentaine de succursales. Tout autres étaient les débuts pénibles des premières années vers 1880, lorsque l'installation était mal jugée par les commerçants.

A la suite de ces grandes entreprises de secours mutuels qui prouvent la vérité du précepte « l'union fait la force », des **cercles ordinaires** paraissent assez importants : un étranger allemand ; un artistique, littéraire, mondain, l'Ateneo ; un sportif, Union-Club ; un maritime, Havana Yacht Club ; et un autre encore plus élevé, de 2,500 membres, le Casino espagnol, avec salons de réception, ornés de tableaux historiques de la péninsule et possédant des salles d'instruction de français, anglais, dessin, etc. Ce dernier cercle, qui a de nombreuses succursales en province, est suivi de bien d'autres cercles plus petits qui répondent à toutes les classes des races blanche, mulâtre, noire, surtout le Progreso, le Pilar, le Gardenia, la Divina Caritad, le Lazo de Oro, le Cocheros, le Maine et l'Union fraternal. Ces créations, dites *sociedades*, montrent à quel suprême degré **la Havane** met en pratique l'excellente idée de se réunir, qui entraîne forcément celle de se divertir.

CHAPITRE DEUXIEME

SUITE DE LA HAVANE

Divertissements, carnaval. Portrait et coutumes des Cubaines. Réceptions de l'étranger et entre habitants. Races, religions. Portrait et coutumes des Cubains. Instruction, Université, Bibliothèque, personnages illustres. Les forts. Le culte des morts. Société conseillère des affaires nationales, la République, son organisation intérieure, ses rapports avec l'étranger, renaissance commerciale, ressources douanières, appel au capital étranger, mécontentements politiques dans le pays, occupation américaine, seconde République, certainement définitive.

S'égayer est le fait naturel d'une grande cité. Certains agréments, unis à une température convenable, n'avaient pas encore réussi, jusqu'à ces dernières années, à attirer les étrangers que la crainte de la fièvre jaune éloignait. Mais, depuis que des mesures sanitaires ont écarté tout danger du fléau, bien des habitants des Etats-Unis, fuyant le froid, viennent hiverner. Plus de 12,000 touristes viennent annuellement s'assimiler aux mœurs américaines créoles. car l'attrait de l'inédit est atteint à **LA HAVANE,** qui est de plus en plus une station d'hiver : la **Nice de l'Atlantique.**

De décembre à mars, si on veut visiter le soir un Havanais, on va à un échec certain, tant chacun est occupé. Le mondain va : au plus grand théâtre, à des soirées intéressantes des principaux cercles, à des bals extrêmement choisis, en promenade de voiture, à une audition de bons concerts en plein air, et à la consommation de glaces dans des cafés très selects. Le bourgeois ordinaire se distrait en des théâtres de second ordre, des soirées de différents cercles, des bals populaires, une promenade à pied, l'audition de musiques publiques, des rafraîchissements pris à de nombreux cafés largement ouverts. Le moindre individu de couleur même assure sérieusement être pris par son théâtre, ou son cercle, son bal, sa promenade pédestre, sa musique, son café ou... ses plaisirs affectueux.

Cet emballement général vient de ce que les amusements havanais sont très variés.

Le **Théâtre National** est la salle de spectacle type des pays tropicaux : cloisons ajourées en persiennes, vastes corridors, foyer-fumoir dans une cour, loges à séparations courtes, sièges de rotin, sobriété d'ornements, ton clair mettant en relief les habits noirs des hommes, surtout les toilettes coquettes des femmes. Cette première scène de 4,000 places, construite en 1837 sous le gouvernement du général Tacon, reçoit des troupes artistiques étrangères : espagnoles (Guerrero, Thuillier), italiennes (Tetrazzini, Reiter, Duse), françaises, (Coquelin, Réjane, Sarah Bernhardt). Ces artistes font payer 10 francs une simple entrée promenoir. supplémentée de 10 et 15 francs pour un fauteuil ou une loge, prix d'amateur que les Européens hésiteraient à payer, même pour des opéras très couleur locale, tels que *Zilia, Czarina, Balthazar*. du compositeur cubain Villate. Le peu de durée de la saison théâtrale explique cette facilité de dépenser;

il est vrai que la littérature dramatique castillane donnée par les théâtres Payret et Albisu, les variétés et pièces indigènes du théâtre Marti, sont de prix plus accessible.

Un petit théâtre, Alhambra, monte des revues. Une de celles-ci montre l'amour national représenté par un cuirassé atteignant New-York, pour obtenir un traité commercial de réciprocité propice aux trois exploitations : sucre, tabac, café. Le bateau arrive jusqu'aux glaces où est arboré le drapeau cubain vainqueur, qui étend partout son influence. Une autre trahit l'esprit satirique insulaire, se moquant d'un long chemin de fer central, avec des wagons cahotant, culbutant, et un trajet se déroulant à travers des villes, sucreries, frondaisons de palmiers. Ces petites pièces, à vérité précise de description de mœurs et de décors, agrémentées de danses pittoresques et de chants, sont rendues par des acteurs d'une conviction exubérante.

D'autres distractions locales son' offertes : le **Parque Palatino** est un jardin où sont prodiguées les réjouissances de toute nature, composant un véritable Eden. **Jaï Alaï**, qui signifie « jeu gai », est une vaste salle à gradins bondés de bruyants spectateurs et parieurs, dans laquelle des hommes adroits, rapides et souples, comme Macala, Arnedillo, Trecet, Navarrete, font valoir le très intéressant *jeu de paume pelote* d'origine basque. Un autre vaste espace à l'air libre, une prairie est occupée par un jeu de paume très répandu aussi dans les campagnes, surtout dans sept villes organisant des concours, le *base ball*, d'origine américaine. Les eaux de la mer voisine donnent lieu à des *ré-*

gates. La *bicyclette* est un passe-temps tellement accaparé par le monde noir, que le blanc s'adonne au *cheval*, à l'*automobile* qui prend de plus en plus d'extension, prouvée par des courses de vitesse rondement accomplies sur route de 92 kilomètres allant à San-Cristobal. Ce genre d'épreuves s'étendra sur des routes de 400 à 500 milles ; il y aura comme récompenses cinq coupes, divers objets d'art, et un prix de la Havane, d'environ 100,000 francs. L'*exercice au grand air* est encore peu goûté par l'élément féminin, peu enclin à délaisser un intérieur agréable, pour s'adonner aux tennis, pique-niques, promenades pédestres et rêveries sur les plages balnéaires. L'exercice à peu près unique que pratiquait jusqu'en ces derniers temps l'élément masculin, était l'*escrime*, apprise dans un but utile, pendant bien des années de troubles et de mésintelligences entre membres de la presse, entre autres les scandales créés par le *Renconcentrados*, journal aux rédacteurs mordants qui ne furent sauvés que grâce à la clémence du président de la République. Actuellement, l'escrime n'est apprise qu'en vue de l'agrément ; d'ailleurs les Havanais se portent de plus en plus vers le plaisir qui s'exprime surtout à une époque annuelle toute en liesse.

Le Carnaval est représenté en bien des pays allégoriquement par un personnage gai, ridicule, qui est promené en vue d'être inhumé, tandis qu'ici, il est plutôt gai, franc, retenu complaisamment cinq semaines ; et surtout les jours dits *Carnaval, Piñata, Vieja, Sardiña, Figurin*, ne sont autres que des dimanches infiniment goûtés par moi.

J'ai vu la première Promenade Marti emportée

dans un tourbillon du cachet le plus mondain : des
cavaliers dont la monture avait la queue ramenée
en avant, et sa naissance ornée de jolis nœuds ; des
voitures à deux roues, attelées en tandems élégants ;
des équipages à deux et quatre chevaux brillam-
ment harnachés noir, jaune ou blanc, à cochers
nègres vêtus de toile blanche, coiffés de chapeaux
gris, et portant une petite trompe en forme de cor.
De luxueuses automobiles avançaient ; des piétons
lançaient des serpentins multicolores, et certains,
une poudre qui argentait les robes et chevelures
féminines.

J'ai vu aussi des rues secondaires envahies par
un brouhaha extrêmement populaire : des **caval-
cades** variées, avec des grottes de sauvages indiens
opposés à la moderne république ; des petites sociétés de race de couleur, aux hommes porteurs de
lampions et femmes costumées de rose, ayant des
chapeaux de paille effilochée *guanos* ou des loques
à plumes blanches. Ces processions avançaient en
chantant. La plus curieuse était une Chinoise
entourée d'un nombreux personnel des deux sexes,
porteurs de lanternes, parasols, déguisements et
diadèmes originaux, exécutant en marchant des
danses en avant et en arrière. Ensuite, on voyait
des jeunes gens en culotte courte jaune et en bérets
rouges, formant un carrousel pédestre espagnol,
frappant les unes contre les autres des baguettes
de bois, au son bref, agrémenté d'un piston. Puis
se trouvaient un gamin accoutré d'une peau
d'ours ; un nègre cousu dans un sac laissant pendre
de la bourre de matelas ; une jeune cuisinière portant sa batterie de cuisine. Des explosions de
pétards résonnaient dans bien des rues de la ville.

A l'intérieur des maisons régnait autant de joie.
C'étaient des bals de bon ton, aux ravissantes toilettes décolletées et graves d'habits noirs, revêtant
l'aristocratie réunie au *Casino espagnol*, à l'Athé-
née, à l'*Union* et à un autre cénacle étranger. Des
bals travestis étourdissants, réunissaient une nombreuse assistance moins aristocratique exprimant
un goût très net à se masquer pour se distraire
mieux en certains endroits spéciaux d'un intérêt
différent : le *grand cercle des Dependientes*, aux
immenses salons et salles encombrés de gentils
couples de danseurs de douze à dix-sept ans, employés, accompagnés de leurs parents ; le *grand
cercle Asturiano*, aux deux vastes salons en enfilade
et salles, embarrassés de couplés de danseurs plutôt adultes, employés ou indépendants, suivis de
leurs familles. Après le même genre de danseurs
rencontrés au *cercle Gallego*, environ six *sociétés*
d'instruction et de plaisir, *de instruccion y recreo*,
recevaient une charmante jeunesse dansante, es-
cortée des siens, voulant se rapprocher de la bourgeoisie. Dans toutes ces réunions, se montraient
maints visages féminins extrêmement gracieux, les
uns à découvert, les autres masqués. Après des
soirées de bon aloi passées surtout aux *bals Pilar*
et *Progreso*, pleins d'entrain, je passai mon temps
dans des assemblées plus libres : bals de théâtre,
entre autres le *Tacon*, égayé par la présence des
danseurs populaires Balleras et la mulâtresse Val-
dès ; le *centro Cubano* aux jeunes couples amoureux, et le *Matadero*, destiné aux ouvriers de l'abattoir.

De la classe la plus basse, je me dirigeai vers
de plus intéressants bals des gens de couleur. Des

distinctions sont établies parmi eux, tellement,
qu'existent multitude de clubs correspondants à
maints genres de mulâtres et nègres, par exemple :
ceux plus ou moins éloignés de la souche africaine ; ceux ayant ou n'ayant pas un ou plusieurs
des leurs dans la domesticité ; d'autres plus ou
moins distants de l'époque où des membres de leur
famille étaient esclaves ; enfin ceux qui présentent
des degrés plus ou moins accentués de la race
noire. Il est assez difficile de s'introduire dans ces
cénacles, surtout au *Maine*, au *Cocheros*, au *Lazo
de oro*, et à la *Divina Caritad*. Au *Gardenia*, j'étais
reçu par une négresse imposante, qui encourageait
majestueusement mon entrée : dans une salle
pourvue d'un excellent orchestre, dont un bon
piano Pleyel, dans d'autres animées d'hommes en
smokings ou habits impeccables, et de femmes en
toilettes élégantes. Certaines étaient couvertes d'un
uniforme rouge, de bonnets pointus, et portaient
un sabre de bois ainsi qu'un emblème marqué
« Jeanne d'Arc ». D'aussi valeureuses guerrières
constituaient une *comparsa*, c'est-à-dire groupe.
Chaque cercle a ordinairement plusieurs groupes,
et cela se présente dans plus de 50 sociétés citadines. Une, la plus importante et la plus compli-
quée, l'*Union Fraternal*, possède non seulement
des groupes « jeunesse florissante » et « jeunesse
capricieuse », mais procure aussi l'instruction, les
distractions, les secours médicaux et pécuniaires
couverts par 50,000 francs de cotisations annuelles
des membres qui paient hebdomadairement 1 fr. 50,
ou 2 fr. 25 et 2 fr. 30 pour trois ou quatre têtes.
Les soirées y sont réglementées avec un ordre
parfait, partagées en demi-heures de repos, suivies

de demi-heures de danses, coupées elles-mêmes de pauses. Tout se passe avec une correction voulant imiter celle des meilleures sociétés de la race blanche.

Tout ce monde moyen se livre à la **danse**, mise en vogue par un jeune monde féminin d'un entrain inouï, interprétant des pas variés. A mon passage, les plus connus étaient : la *habanera ;* le *rigodon ;* un américain *two steps* accompagné de l'air Hiawatha ; la *valse Strauss*, notre valse européenne peu pratiquée depuis des années, parce que le climat chaud fait préférer une rotation plus calme qui est la *danza* encore réduite dans la *vals tropical*, enfin complètement réduite dans le *Danzón*.

Dernière création ingénieuse : minime animation giratoire, minimes sauts polkés, et minimes changements de côté ; ensemble de mouvements mignards. De tels piétinements ne mènent pas loin, se confinent à une station sur place, permettant aux couples d'être ordonnés et isolés. A travers cet ensemble clairsemé, on peut aisément se promener. Face à face, cavaliers et dames, ont une expression sérieuse correspondant plus ou moins au genre de silhouettes. Un bon aspect résulte d'un accord de tailles, quand un effet comique est produit parfois de différence de statures. Mais, à bien des degrés de complexion, les jeunes femmes ont une grâce exquise, un abandon joli. En outre, tous nos jeunes gens ont une attitude imprévue dans un autre sens, en partie arrière du corps... qui danse.

Parfaitement ! Un trémoussement se prononce, des petits coups de hanche se dessinent avec harmonie, très apparents et saccadés, chez les personnes maigres ; plutôt dissimulés et enveloppés chez les personnes grosses... Effets certainement s'offrant à satisfaire tous les goûts, spectacle plein de saveur, tandis que l'oreille est originalement saisie par la partie musicale :

Contretemps en sourdine, air seul doux, puis airs mêlés sonores, calme retour à l'air seul, tapageuse reprise des airs mêlés, passages tantôt calmes, tantôt violents, partition sans tête ni queue, qui commence quand on ne sait pas, continue à la diable, s'allonge inconsidérément, et s'arrête à une seconde qui ne se prévoit point. Peu d'instruments : violon, basse, ophicléide, timbales, clarinette, piston, trombone. Un accompagnement continu tendre, mélodieux, est produit par le violon, la basse, l'ophicléide ; le chant est interprété par la clarinette ; les *forte* viennent des timbales, à bruit grossi par les sonorités suraiguës du piston, et les roulades cuivrées du trombone... Déchaînement tonitruant qui se continue avec impétuosité en gammes opposées, notes les plus élevées comme les plus graves, de différentes parties instrumentales qui se poursuivent, cherchent à se surpasser, s'enchevêtrent les unes sur les autres avec une extrême précipitation. Il n'est pas d'interprètes comparables aux musiciens noirs, pour soutenir cette course folle ; intrépides à exécuter sans relâche une bruyante musique pour laquelle ils ont du goût dès le berceau.

Cela pourrait ôter souffle et force, si de petits arrêts et des coups de tête n'aidaient à la suite ininterrompue des sons. Normalement s'écoulent vingt minutes de charivari... chaos qui serait sans mesure, si une salutaire cadence n'était offerte par le son étrange d'un instrument très spécial : le *güiro*.

C'est un fruit-calebasse ovoïde, allongé, recourbé, vidé, séché, et entaillé sur sa plus grande largeur extérieure, de lignes parallèles, contre lesquelles bute une arête de poisson ou une tige de fer. Ce genre d'instrument doit être brandi avec soin ; il rend une suite d'effets musicaux, qui exigent un homme d'expérience. Celui-ci s'aventure par intervalles à tirer des notes du choc de deux morceaux de bois de granadillo, mais il s'empresse de revenir à son instrument principal, lequel donne le rythme, par une longue suite de murmures saccadés en crécelle. Cette audition bizarre rappellerait une origine de tam-tam africain, si elle n'affirmait le rôle actuel d'un tam-tam perfectionné, pourvu de morceaux bien lithographiés, de véritable ampleur, dont les plus étourdissants de gaieté sont la *Bohemia* et la *Dorila*. A leur interprétation, servent environ douze bons orchestres, composés de huit à douze exécutants, et loués de deux à quatre cents francs. La grande société est seule à renoncer à a danse du danzón et à son accompagnement musical. Mais partout ailleurs, chaque soir, reviennent tant de curieuses attitudes corporelles, et de musique tintamarresque, que l'oreille en est obsédée jusqu'à l'audition d'une autre musique. Celle-ci, savante, internationale, séduit toutes les classes de la société répandues au Parque Central et au Malecon. Ces deux points sont rendez-vous, deux fois par semaine, de la classe ordinaire et de la classe élevée, attentives à **deux orchestres municipaux**. Celui du Malecon est abrité sous un kiosque octogonal à colonnes grecques, connu sous le nom de **Glorieta**.

Ce lieu est le point précis où stationne le monde féminin, sujet d'examen des plus compliqués ; et vraiment, je ne saurais à qui décerner la palme, tant ces jeunes femmes sont jolies. Elles ont de grands yeux noirs, des traits fins, le teint mat, velouté, poudré, des cheveux noirs, le visage assez souvent large, une taille moyenne, un certain embonpoint ; très cambrées, elles portent avec grâce de coquettes toilettes aux nuances claires : blanc, jaune, vert d'eau, et rarement de chapeau. Cette mode nu-tête donne aux jeunes filles un air frais et gracieux, paré pour quelque gala, soirées rares, car, sauf deux promenades par semaine, c'est le claquemurage complet à la maison.

La matinée est consacrée à la toilette, comprenant assez de stations devant le miroir ; et la plus grande partie de la journée s'écoule à rester assise, à converser, à lire peu : journaux illustrés, politiques et œuvres badines, traduites de Carlota Braeme, Invernizio, Dumas, Daudet, Maupassant, ou à pianoter : des œuvres légères indigènes, des danses de Strauss, Waldteuffel, la *Valse bleue*, des opérettes américaines, des morceaux classiques exécutés peut-être moins soigneusement que des missives épistolaires confiées en secret à une commissionnaire négresse. Environ à partir de cinq heures, dans de coquets atours de robe claire, commence un long arrêt à la fenêtre, pour recevoir un jeune habitué de la maison. S'il est de la haute bourgeoisie, on le reçoit au salon sous une surveillance maternelle qui se relâche parfois dans le sommeil ; s'il appartient à la classe moyenne, c'est derrière les ouvertures barrées du domicile qu'a lieu l'entrevue qui demeure platonique pendant des mois. Le jeune homme trouve naturel ce rôle joué par bien des imitateurs qui jalonnent les rues. Peu de maisons montrent des jeunes filles seules, songeuses, jusqu'à une heure tardive. Ainsi se passe une journée suivie d'autres à peu près semblables, car l'élément féminin sort rarement pour faire des achats ; les articles sont apportés par des employés de magasin. Seules, vont dehors les fillettes qui s'instruisent à **diverses pensions**.

Très aimée, est Mme Maria Luisa Dolz qui dirige à la moderne une **institution espagnole** datant de trente ans. Pour célébrer ses vingt-cinq ans, de belles fêtes furent organisées qui comprenaient : un premier jour avec distribution de prix, chœur de victoire, et poses plastiques enfantines ; un second jour avec piécettes théâtrales : espagnole « *Bella Condesita* », anglaise correctement jouée « *Christmas Gambol* », françaises élégamment enlevées « *Vieille Cousine* » et « *Trois couleurs* », continuées par « *Fancy Drill* », petit ballet de porteuses de spectres et de couronnes, et par des tableaux vivants « *Scarf fantastic* », charmants avec des dispositions diverses d'écharpes roses. Ensuite, venaient : un troisième jour avec lunch au son de la musique des orphelins de la Beneficencia ; un quatrième, avec messe et sermon à l'église de Belem, à l'éclairage électrique de nuances différentes.

Tout aussi estimée est Mlle Léonie Ollivier, qui fait prospérer depuis dix-huit ans une autre institution importante, véritable collège français qui remplace avantageusement d'anciens cours particuliers, où sont apprises la langue, la diction, la littérature, l'histoire, la géographie. Des élèves savent impeccablement nos dates historiques de règnes, de batailles, nos sous-préfectures, nos villes coloniales, nos conquêtes en Indo-Chine, Soudan, Madagascar. Cet enseignement fait aimer notre patrie, surtout par deux sœurs, Lola et Ernestina. voulant voir Paris, et la dernière y réussissant habilement en promettant à son père espagnol d'aller d'abord en Espagne. Cet esprit s'affirme encore plus pour lutter contre l'immigration américaine. causant le progrès de l'anglais, et une teutonne ayant créé une institution allemande. Devant cet état de choses, le collège français a dû être moins exclusif à n'apprendre que notre langue. On y joint l'espagnol et un art d'agrément castillan : la *mandoline*, dont plusieurs interprètes composent la plus exquise « estudiantina ».

Qu'il est regrettable que d'aussi gentilles personnes se montrent si peu ! On ne voit se promener que des hommes s'asseyant sur des bancs, refuges accoutumés. Toute l'occupation masculine est d'apercevoir passer à intervalles des négresses ou des mulâtresses seules, ou groupées, en extase devant des réclames lumineuses au-dessus de la manzana Gomez et du Théâtre National.

Prendre l'air serait pourtant si bon ! Des sorties commencent à peine d'avoir lieu ; leur augmentation transformera certes radicalement des voies publiques embellies de tant de gracieuses fleurs féminines, capables sans doute de rendre leur cité le point le plus riant de l'Amérique.

Une sortie journalière ne ferait aucun mal à la morale, pour des jeunes femmes généralement honnêtes. Regarder est tout ce qui est laissé aux passants, se contentant d'exprimer leur satisfaction au foyer. Là, se révèle un caractère féminin doux, affectueux, sincère, qui prise surtout les qualités du cœur. Pareils sentiments n'entraînent que des mariages d'amour, ce qui diminue d'autant les unions libres.

Un dernier cas si délicat m'obligeait à enquêter consciencieusement, et me forçait à trouver même la catégorie la plus sujette à glisser, la seconde bourgeoisie remplie de jeunes filles toutes dignes d'être qualifiées de l'adjectif ici employé « decente ». Elles ont la plupart un commerce amical avec un ou plusieurs amoureux platoniques. Il ne peut d'ailleurs rien survenir de plus, les parents veillant, ou des barreaux de fer interdisant tout excès d'intimité. Parmi tant de gracieuses jeunes filles, je citerai particulièrement des ouvrières en tabac. Un grand nombre de jolies me plaisaient tellement que je voulais le leur dire. Je me voyais très bien accueilli, quand ma conversation roulait sur des généralités ; mais je l'étais moins si je manifestais mon admiration d'une façon un peu vive. Au reste, comme chaque jeune personne me montrait « son novio », ou au moins « sa photographie » sur un bouton de vêtement, je n'avais à espérer aucun succès. En outre je n'aurais pas mieux réussi en m'adressant à un jeune cœur libre, parce que se marier et s'expatrier avec un étranger est chose très rare. Aussi ne persistai-je point dans mon désir de flirter dans des maisons toutes portes et fenêtres ouvertes, état de choses montrant une grande franchise d'entrevues amicales, mais attirant certes des curieux et des gamins espiègles. Aussi, me vouai-je à d'autres impressions sur les **rapports des habitants havanais envers l'étranger.**

En principe, le monde est accueillant. Les premières rencontres sont souvent flatteuses, avec des gens qui viennent offrir leur personne, leur maison, dans une phrase toujours la même. Des amis, par hasard en présence, suivent aussi le mouvement, en donnant leurs adresses. Toutes ces invitations sont faites par une population enthousiaste, à l'esprit prime-sautier qui sans doute ne peut se maintenir et entraîne peu de réalisations. Distractions et occupations sont aussi cause de l'oubli de nombreux rendez-vous. Si on a la chance de ne pas être arrêté sur le seuil par une servante qui vous renvoie « à demain », on est introduit dans un salon aux fauteuils balançant leurs occupants, comme certaines statuettes en mouvement perpétuel. Durant des heures, on conversera, on entendra des morceaux de piano, à moins qu'on ne soit invité à dîner, en quoi on est privilégié. A mon passage, jusqu'aux classes élevées, montraient une hospitalité cordiale mais assez réduite. Cela tient peut-être au climat énervant, ou à d'incertaines années d'insurrections ou à une émancipation de races de couleur, comme à une arrivée au pouvoir d'insurgés. Les **réunions entre habitants** ont lieu seulement à la Noël et au Premier de l'an ; autrement ce sont les théâtres, cercles à soirées littéraires, musicales, dansantes, qui servent aux entrevues. Tout le reste de l'année, l'existence s'écoule chez soi, libre, en repos ; et au bureau, dépendant, en travail. A mon passage, ce dernier était réel ; certaines femmes étaient institutrices, comptables, dactylographes en de grandes administrations, et les hommes étaient adonnés à des carrières libérales, ou employés dans le fonctionnarisme. Beaucoup vivaient de l'Etat, seul, sûr et rapide agent du bien-être. La situation générale s'est beaucoup améliorée depuis l'époque troublée 1896-99. Alors la récolte du tabac avait été nulle, et celle des sucres à peine de 200,000 tonnes. Pour relever ce piètre rendement agricole, des capitaux furent engagés, des sacrifices faits, qui furent récompensés ; commerçants, banquiers nationaux, espagnols, allemands, etc., se sont enrichis, si bien que déjà plus de trente millionnaires donnent à la ville une apparence progressivement luxueuse. Les capitalistes aiment à faire montre de la fortune ; ainsi se déclare une idée de séparation, créant une classe aristocratique à part.

La population havanaise dépasse actuellement 300,000 âmes, réparties à peu près en 71/8 pour cent de population blanche, et 28/2 pour cent de toutes autres races. Le dernier recensement de 1907 était de : 220,992 Cubains et 76,167 étrangers, entr'autres 66,768 Espagnols, 2,422 Américains des Etats-Unis, 2,207 Chinois, 288 Anglais, 620 Français et 3,862 Antilliens, Mexicains, Africains, Européens et nations inconnues. C'est la population urbaine cubaine ayant le plus d'éléments étrangers, disparates, où règnent trop d'idées contraires, de croyances qui se heurtent, de religions discordantes, y compris le culte de Bouddha, et la bizarre secte des *Nanigos*, divisée en plusieurs groupes ou jeux, sorte de maçonnerie sévère à peu près anéantie pour le plus grand bien des noirs. Puis, viennent des sectes protestantes, actuellement en progrès : baptistes, méthodistes, presbytériens, enfin le culte catholique romain. Cette dernière religion est celle qui est le plus couramment pratiquée. A mon passage, je dois dire pourtant que les cérémonies du culte étaient modérément suivies ; néanmoins de la piété se trouvait chez assez de femmes, ne venant pas exprès pour montrer leur élégance, et chez assez d'hommes ne venant pas exprès pour nouer une intrigue d'amour.

L'élément masculin est un intéressant sujet d'études. Je tiens à rendre justice au type du pays qui est agréable. Un physique harmonieux, simple, mais un moral assez compliqué. Impressionnabilité, susceptibilité, enthousiasme léger, froideur réfléchie, scepticisme, esprit critique, haine. amour, espérance, désillusion, inaction, travail. s'assemblent dans cette âme humaine. C'est une intelligence unissant qualités et défauts, exagérés peut-être à cause d'un climat chaud et d'assez d'occupations. Bien des questions libérales : médecine, barreau, presse, administration, absorbent le Havanais, en ne lui laissant pas de temps à autre chose, entre autres donner des renseignements de voyage. La coutume n'est pas de se déplacer, mais de demeurer assis, de jouer aux cartes, dominos, échecs, de causer, et de suivre des banquets ainsi que des soirées de gala. Cette dernière distraction est moins goûtée de certains hommes aimant les questions philosophiques, lisant Macaulay, Spencer, Schopenhauer, Leroy-Beaulieu, Guyau et Ribot. D'autres embrassent le professorat. Depuis que le pays est entré dans une nouvelle ère d'amélioration, l'instruction préoccupe de nombreux esprits.

Le système scolaire, emprunté aux meilleures méthodes américaines et européennes, est assez uniforme : c'est un externat.

La partie primaire comprend : leçons de choses dessinées aux crayons de couleur, manuels de langue espagnole, lectures, arithmétique concrète avec substantifs, assez d'histoire, de géographie théorique et pratique, ouvrages de morale, de devoir civique, d'hygiène, modérément de gymnastique ; matières inculquées tous les jours, sauf samedi, nettoyage, et dimanche, repos, pendant neuf mois, de septembre à mai.

La partie secondaire comprend : leçons de langues mortes et vivantes, sciences, histoire, géographie, sténographie, dactylographie, commerce, arts d'agrément, ouverts aux deux sexes apprenant côte à côte.

L'enseignement primaire se donne surtout bien à un établissement havanais, l'école José de la Luz y Caballero, nom d'un grand éducateur populaire. Là, dans des corridors énormes, plus de 1,000 enfants se livrent parfois à des exercices physiques intéressants, accompagnés de l'air national, tandis qu'évoluent quarante écoliers vêtus en zouaves, et qu'évoluent en rondes de gracieux babys dans un jardin d'enfants.

L'enseignement secondaire et commercial, admirablement organisé par M. Varona, se donne surtout bien à un établissement havanais, Institut d'Etat. Là aussi se trouvent : une salle ornée d'une carte du xvi⁰ siècle, un musée botanique en mobilier sculpté de fleurs, une bibliothèque bien fournie, d'intéressantes archives de la vie des élèves. Dans les études secondaires existent plusieurs internats : le collège de Jésuites de Belem, doté d'un beau réservoir d'eau de pluie, d'un ample réfectoire, d'une jolie salle de dessin, d'un curieux musée avec des petits caïmans empaillés joueurs de guitare, et d'un précieux observatoire. Des collèges féminins, allemand, espagnol, français, apprennent aussi le baccalauréat.

Enseignements primaire et secondaire dépendent du gouvernement qui consacrait, à mon passage, par an, 20 pour cent de son budget, près de 20 millions 800,000 francs, pour environ 232,000 enfants répartis en **6 instituts provinciaux secondaires**, et plus de **3,600 écoles citadines et rurales primaires**.

L'Université, instruisant pratiquement d'après les principes d'Amérique et d'Allemagne, comprend : facultés de droit, médecine, pharmacie, lettres, sciences, divisées en écoles adjointes du génie, de l'agronomie, bien poussés à cause du progrès des travaux publics et des propriétés. Les cours sont sanctionnés d'examens bien échelonnés, passés par environ 800 étudiants en voie de s'accroître. Cette Institution, juchée au sommet d'une colline avec panorama riant surtout au soleil couchant, est suivie d'une Académie des sciences médicales physiques et naturelles qui rend service aux entreprises gouvernementales et particulières par des cours et un joli musée de produits de l'île, certains exposés en cire, des curiosités anatomiques, pathologiques, chirurgicales et anthropologiques réunies par le docteur français Montané.

Ensuite viennent une Ecole des Arts et Métiers, une Ecole de peinture et de sculpture, un Conservatoire de musique et de déclamation, enfin une Bibliothèque de l'Etat aux soins d'un bon gardien, M. Figarola, qui dépasse déjà 20,000 volumes, avec histoire nationale depuis 1793, et œuvres de célébrités cubaines :

Des poètes : le lyrique *José-Maria de Heredia*, auteur de l' « *Hymne du proscrit* » ; les dramatiques *Milanes* et une femme, *Avellaneda*, auteurs du « *Conde Alarcos* » et de « *Alfonso Munio* » ; les patriotiques *Zenea* et *Placido* ; l'élégiaque, une femme, *Luisa Zambrana* ; *Luaces*, auteur de l' « *Ode au télégraphe* » ; et *Julian del Casal*.

Des musiciens : *Figueredo*, air national «*Bayames* » ; *Sanchez Fuentes*, romance « la *Havanaise* » ; *Espadero*, œuvres classiques ; *Valenzuela*, chansons populaires ; *Villate*, opéras « *Zilia, Czarina, Balthazar* » ; *White* et *Albertini*, violonistes ; *Jimenez* et *Cervantes*, pianistes ; *Arizti* et *Maury*, compositeurs de danses.

Un romancier : *Cirilo Villaverde*, mœurs indigènes ; et des critiques littéraires : *Piñeyro, Bobadilla*.

Des philosophes : *José de la Luz y Caballero, Varela, Mestre, Bachiller, del Valle, Varona.*

Des historiens : *Arrate, José Antonio Saco, Vidal Morales, Carlos de la Torre.*

Des années insurrectionnelles ont produit des orateurs politiques nombreux : *Jesus Medina, Cintra, Morales, Lemus, Cortina, Figueroa, Escobedo, Bermudez, Montoro* ; des journalistes : *Pozos Dulces, Bétancourt, Ricardo del Monte,* auxquels se joignent deux principaux polémistes :

Manuel Sanguily et *Juan Gualberto Gomez ;* des champions de l'indépendance, civils ou militaires : *Iznaga, Narciso Lopez, Agüero, Armenteros, Ignacio Agramonte, Céspedes, Aldama, Marti, Lora, Sanchez, Rabi, Mas, ó Calixto Garcia, Gomez, Maceo,* etc... Quand fut libéré le territoire, de nombreux médecins combattirent les maladies causées par la mauvaise hygiène, les docteurs *Albarran, Gutierrez, Girall, Horstmann, Zambrana, Montané, Finlay, Barnet,* etc., et le chimiste *Reynoso,* et le naturaliste *Poey.*

Tant de dernières notoriétés rappellent un passé malheureux, sur lequel je ne m'étendrais pas davantage, si je ne devais citer : la vieille forteresse **Fuerza,** dont la curieuse tourelle avait une cloche servant à signaler l'arrivée des pirates, les forts Atares et Morro, qui ont subi au xviiiᵉ siècle les assauts des Anglais, le fort Cabaña, avec un escalier descendant, d'une seule jetée typique, vers un mur criblé de balles. Un bas-relief de Mercié immortalise nombre de héros de la patrie, encore chantés par des oiseaux voisins dans des lauriers symboliques. Près des murs jaune-rosé de la redoute San-Ambrosio se déroule le panorama le plus joli de la Havane. Dans un quartier tout autre, est la **tombe de huit étudiants** exécutés à tort pour la profanation des cendres de Castañon, créateur du journal *Voix de Cuba.* Tout près de ce haut obélisque tronqué du sculpteur Saavedra, est une colonne carrée, ornementée du sculpteur Querol et de l'architecte Zapata, mausoleo commémoratif de vingt-huit pompiers et policiers morts dans une quincaillerie où de la poudre non déclarée par le marchand fit explosion. Enfin, divers monuments, au milieu d'un véritable parc à jolies avenues, constituent la **nécropole citadine**, un des plus beaux cimetières du monde, dont l'entrée, une porte romane, semble représenter celle du Paradis, ou plutôt la sortie d'une ère funeste vers une ère réparatrice. Le pays est en train de se relever ; tout y aide, en premier une institution patriotique de 500 membres savants : la **Sociedad Economica de amigos del País**, gardienne des plus vieilles archives depuis 1793, d'une grande bibliothèque nationale dépassant 42,000 volumes ; créatrice d'écoles primaires, secondaires, d'académie d'art et d'œuvres philanthropiques, enfin conseillère de l'économie et de la politique nationales, au soin du gouvernement.

Le **Gouvernement** est une souveraineté populaire aux pouvoirs : exécutif, législatif et judiciaire. Le Pouvoir exécutif avec un président, assisté d'un vice-président, élu par le suffrage universel, quatre années renouvelables, indépendant dans ses actes pouvant être accusés et jugés. Ses charges consistent en négociations diplomatiques, en surveillance sur ses subalternes, en choix et renvoi de ses 8 ministres, secrétaires d'Etat, du Gouvernement, des Finances, de la Justice, de la Santé-Charité, de l'Instruction publique, des Travaux publics, d'Agriculture-d'Industrie-et de Commerce, passibles d'être blâmés et condamnés. Le Pouvoir législatif avec un Congrès de 24 sénateurs, nommés pour 8 ans, renouvelables par moitié tous les 4 ans, par une élite d'électeurs appelant 4 représentants par province ; et 64 députés, nommés pour 4 ans, renouvelables par moitié tous les 2 ans par toutes classes d'électeurs, choisissant un représentant par 25,000 âmes. Sénateurs et députés, exerçant leur mandat, sont inviolables à raison de leurs opinions et de leurs votes, siégeant en avril et novembre, deux périodes de 40 jours de session ordinaire, généralement suivie de session extraordinaire. Le Pouvoir judiciaire a un tribunal suprême havanais, 6 tribunaux supérieurs et 7 de première instance provinciaux, dont les juges sont amovibles et responsables de leurs erreurs, aidés en ville de la police et en campagne d'un général de légion, la guardia rural. A mon passage, cette dernière était forte de 10,000 hommes, adjoints de 800 artilleurs et officiers. Ces forces se trouvent aussi aux ordres de 82 municipalités, et d'une administration de 6 provinces aux gouverneurs élus par le suffrage direct. Tout le système gouvernemental est sauvegardé par un amendement Platt, qui établit une protection armée de deux stations navales américaines.

Dans ce gouvernement, tout semblait marcher bien : les Chambres soumettaient les projets de loi au chef d'Etat, ayant droit de veto, sauf s'ils étaient votés par les 2/3 des assemblées. Celles-ci étaient parvenues à concorder avec les tendances conservatrices présidentielles. De là, sortirent des œuvres importantes : 1° l'assainissement général, réduisant à l'extrême la mortalité ; 2° l'affectation d'une police perfectionnant l'hygiène et annihilant la criminalité ; 3° le développement des écoles à plus de 3,000 ; 4° l'augmentation des routes, actuellement dépassant 590 kilomètres, à 4,053 kilomètres devant être achevés dans 10 ans ; 5° l'amélioration du service postal et télégraphique à l'intérieur et l'extérieur du pays ; 6° des traités d'extradition et conventions littéraires, artistiques, industrielles, commerciales avec l'étranger, et 7° un traité de commerce très important, permettant aux produits cubains d'entrer aux Etats-Unis à 20 pour cent de réduction, à condition que les produits américains entrent à 20 et 30 pour cent de réduction à Cuba.

Un tel **traité de réciprocité**, établi pour 5 ans, attira une multitude d'articles américains, sans nuire cependant aux articles européens, qui s'accrurent. Enfin, en 1907, l'île recevait de l'étranger une valeur marchande de 547 millions 134,681 fr., et envoyait à l'étranger une valeur marchande de 606 millions 281,769 francs, comportant le mouvement général le plus grand jamais atteint de 1 milliard 153 millions 416,451 francs, signifiant comme progrès, déjà pour simplement l'exportation, en ces huit dernières années, 28 millions 787,200 francs.

Aussi, à cause de cet état de choses, s'animent **vingt principaux ports cubains**, qui n'ont jamais vu autant de bateaux qu'en 1906, année marquée par 35,079 navires de cabotage et de mer entrés et sortis, et jaugeant au total 26 millions 861,704 tonnes. En résumé, dans les derniers huit ans, la navigation côtière, moitié sous pavillon étranger, a doublé, et la navigation au long cours, toute sous pavillon étranger, s'est accrue des trois quarts.

Le **premier port cubain**, la Havane, se signale en recevant et envoyant tous les jours un vapeur américain de la ligne Key-West, tous les deux jours un vapeur américain de la ligne Tampa et Mobile, chaque semaine deux vapeurs américains de la ligne New-York, chaque dix jours un vapeur américain d'une autre ligne New-York, chaque mois deux vapeurs de la Compagnie Transatlantique française et un vapeur de la Compagnie Transatlantique espagnole, et chaque semaine deux vapeurs cubains de la ligne des ports occidentaux de l'île, deux vapeurs, un espagnol et un américain, de la ligne des ports orientaux de l'île, etc.

De telle sorte que la Havane, qui détient les 68 pour cent des importations et plus des 50 pour cent des exportations, a été visitée en 1906 par 7,284 navires de cabotage et de mer entrés et sortis, et jaugeant 8 millions 739,837 tonnes, réparties dans une importation de 351 millions 079,086 francs et une exportation de 271 millions 784,333 francs (total de transactions de 622 millions 863,419 fr.).

Avec un tel trafic, la **Douane cubaine**, surtout la havanaise, encaissa en cette année 1906-1907, comme droits d'exportation, environ 4 millions 850,054 francs, et surtout comme droits d'importation, environ 93 millions 875,580 francs. Déjà en 1904, ses revenus semestriels dépassaient 32 millions de francs, entièrement nets d'une retenue énorme de 4,25 pour cet pour location de bâtiment de 135,200 francs et pour paiement de 430 commis coûtant chacun au moins 500 francs. Pour cette raison, une institution si riche servit à parer à maintes nécessités, si bien que le revenu douanier fut considérablement entamé. Son épuisement ne put être retardé par une imposition de chaque habitant de 90 francs, plus 30 pour cent de surtaxe et 12 pour cent sur le revenu de la propriété urbaine.

Un emprunt de 35 millions de dollars ou 175 millions de francs fut conclu au taux le moins mauvais possible de 97 1/2 pour cent, qui réduisit la somme à 164 millions, 320,000 francs, payant 30,000 libérateurs de la patrie cubaine. Tous ces vaillants, surtout ceux de la campagne, indemnisés de leurs terres dévastées par les insurrections, n'ayant plus besoin d'emprunter jusqu'à 5 pour cent mensuel et 40 pour cent annuel, commençaient déjà à réagir, à cultiver, laissant le commerce et l'industrie plutôt aux étrangers, acheteurs d'exploitations sucrières, tabacs, bananiers, ananas et légumes ; le pays développait sa circulation monétaire, le bon marché de l'existence et sa population, quand vinrent certains malentendus politiques.

Ces malentendus politiques ne provinrent pas tellement d'opinions contraires, d'abord très disparates, mais arrivées à ne plus former que deux camps de patriotes : un parti modéré soutenant une indépendance qui ne répudiait pas l'admission de l'influence américaine, et un parti libéral soutenant une indépendance jugée indestructible seulement par une conservation rigoureuse des idées indigènes. Deux tendances s'accusaient donc en bien des meetings, journaux. Ces derniers sont surtout la *Lucha*, le *Diario de la Marina*, le *Mundo*, la *Discusión*, etc., adjoints de feuilles illustrées *Cuba y America, Azul y Rojo*, et la principale, *Figaro*. A ajouter aussi le périodique *Letras*. Ces organes ont de bons rédacteurs, entre autres le célèbre mulâtre Juan Gualberto Gomez, quand vint, le 23 septembre 1905, le renouvellement de la représentation nationale. — --

Ces élections, menées frauduleusement, assurèrent une telle avance au parti modéré, que le parti libéral interrompit la lutte. Il était mécontent d'être évincé de maintes places rémunératrices enviées par un rival devenant vite impopulaire, surtout en campagnes qui se soulevèrent le 17 août 1906. Trois grands meneurs : le général *José Miguel Gomez*, le sénateur *Alfredo Zayas*, et *Juan Gualberto Gomez*, poussèrent l'insurrection jusqu'auprès de la Havane. Le gouvernement cubain, surpris, n'ayant pas assez de forces militaires et ne voulant pas annuler des élections, pour en autoriser de nouvelles, dut démissionner : président, vice-président, ministres.

La République ne pouvait rester sans tête ; des essais de conciliation des deux partis, provoqués par les Américains et leur président Roosevelt, n'aboutirent pas. Alors, les Etats-Unis, se basant sur l'amendement Platt, autorisant à rétablir la paix troublée, envoyèrent un gouverneur, M. *Taft*, suivi de M. *Magoon*, resté jusqu'à une consultation du pays, qui vient d'élire, le 14 novembre 1908, et d'installer, le 28 janvier 1909, un chef du parti libéral, *président José-Miguel Gomez*, et des députés et sénateurs qui ont plus de chance de créer une république définitive.

Je souhaite du moins que le calme règne une bonne fois, pour assurer un superbe avenir économique, dont est bien digne la nation cubaine.

CHAPITRE TROISIÈME

Un sentiment d'admiration s'empara de Christophe Colomb, dès son débarquement en terre cubaine, qu'il déclara être « la plus belle île qui ait été vue ». Quatre cents ans se sont écoulés, après lesquels je trouve n'avoir jamais vu de contrée plus intéressante.

Sa nature est assez variée. Les parages havanais renferment une série de petites plaines et de petits mamelons ; la région occidentale est une longue plaine, suivie d'une arête montueuse qui finit en massif au milieu duquel est un plateau ; la région centrale est composée de marais, de plaines légèrement ondulées, de chaînons et pitons isolés ; la région orientale est formée de plaines, de rivières, d'une chaîne de montagnes et de chaînons de collines, dominant bien des vallées.

La composition géologique est aussi diverse. L'Ouest est calcaire-argileux ; les plantations de tabac occupent un sol calcaire-argileux, quartzeux, siliceux, ferrugineux. Le centre, où croissent les cannes à sucre, est calcaire-argileux, parfois ferrugineux, ou simplement calcaire reposant sur du sable frais, deux compositions qui causent des terres rouges ou noires. L'Est, où s'étendent des steppes, des herbages où pâture le bétail, et des montagnes, est calcaire-argileux, siliceux ; parfois calcaire-argileux, très profond. Quant à l'annexe du territoire, l'Ile des Pins, est sablonneuse, souvent ferrugineuse. Les montagnes cubaines sont revêtues çà et là de rocs granitiques et de plaques grises volcaniques nommées *dents de chien*. Elles contiennent parfois du marbre, du manganèse, du cuivre, du fer, de l'or, du charbon, du plomb, du zinc, du graphite de l'amiante. Elles contiennent encore quelques grottes et des sources chargées de fer ou de magnésie.

Le sol est extrêmement fertile : on y voit croître un peu partout un arbre au tronc clair et à rameaux puissants ; c'est l'*oreodoxa regia* ou gloire des montagnes, mieux connu sous le nom de « *Palmier royal* ». Cet arbre, isolé ou en bandes, n'exclut pas l'existence d'autres palmiers : un de taille moyenne, le *criolla*, ayant la forme d'une bouteille ; un autre de taille égale, le *corojo*, d'apparence ventrue ; un trappu, le *hata*, de cime grosse en bouquet ; un élancé, hardi, le *cana*, à tête en éventail ; et un fluet, le *juraguana*, à tige semblant en fil de fer. Des plantations de tabac s'étendent en sillons réguliers au verdoyant feuillage ; celles de cannes à sucre offrent des touffes confondues ayant l'air de vignes vert tendre ; on cultive aussi du maïs et autres céréales, des légumes, tomates, racines à fécule. Différentes herbes poussent presque partout : la *paral* ou chiendent, qui croît en terres basses ; la *guinea*, effilée en boîtes, dans les terres hautes ; la *millo*, petit roseau ; et la *pitilla*, fil très fin, répandue dans toutes les savanes. De belles forêts peuplées d'arbres très variés : *cèdre, acajou, ébène, campêche, majagua, jucaro, jobo, guayacan, caiguaran, granadillo, misperillo, ubero, guasima, yaya, jagua*, qui croissent sur le sol plat. Sur le sol montueux, on voit : *jaguey, almacigo, drago, ajua, zarza, barrile, justete, fougère, bambou*. Au sortir de fourrés de *liane cupey*, de *lierre campanilla* imitant le volubilis, et de *laine végétale guayaca* imitant la toile d'emballage, surgit çà et là, en espaces nus, le plus caractéristique des arbres, la *Ceiba* au tronc altier, lisse, clair, à panache de branches mêlées de plantes parasites. Même les endroits les plus arides ont des arbustes : *paralejos, cacabueys*, aux feuilles rugueuses et polissantes. Les terres riches portent des arbres fruitiers : *cocotier, manguier, oranger, caïmitier, grenadier, tamarinier, papaïer, mamey, marañon, anon, sapote, guanabana*, arbre à pain, pruniers *mamoncillos, hicacos, canitelas, guayabas* sauvages, donnant d'excellente confiture. D'autres cultures fruitières courtes sont exploitées en grand : *ananas, bananier, caféier, cacaoyer,* sans compter des plantes pharmaceutiques. Une telle exubérance, qui montre chaque jour un arbre nouveau, provient d'un sol parfait aidé d'un particulier climat :

1° Une pluviosité excessive de mai à octobre et une humidité de 70 à 80 pour cent pendant les autres mois de l'année ;

2° Une température variant de 28° à 11° dans les montagnes, et dans les plaines de 13° à 40° ; dépendant aussi d'un hiver d'octobre à mai, et d'un été de mai à octobre. Ces deux saisons ne varient pas tant entre elles ; la plus modérée, sèche et assez chaude avec 23°, 28°, 24°, n'est pas si loin de la plus chaude avec 26°, 33°, 28°, donnant toute son intensité vers midi, mais rafraîchie le soir par une pluie bienfaisante. Les deux époques sont heureusement avantagées d'assez d'air. Durant les mois d'hiver, sévit une brise du nord ; et pendant ceux d'été, une brise méridionale, *virason*, soufflant de 10 heures à 3 heures du soir, alterne avec une septentrionale *di tierra*, de 8 heures à 4 heures du matin. Cette situation entre deux vents de mer, sud et nord, procure une température journalière variant de 7° à 8°, favorable à la vie. L'air est également purifié par de nombreux vautours noirs à cou rouge, *auras*, avalant tous détritus possibles. Aussi un pays si salubre a bien des animaux, oiseaux nombreux à beau plumage : *perroquet, oiseau-mouche, ramier*. De bêtes sauvages, on ne compte que *caïman, iguane, chevreuil, porc, chien, rat aguti*, deux seules dangereuses : *scorpion, araignée*. Comme **habitants humains**, il y en a de race blanche d'origine espagnole, française, américaine, anglaise, et de race de couleur d'origine africaine, louisianaise, peut-être indienne d'époque colombienne.

Les campagnards habitent de petites maisons de chaume pittoresques. La case du paysan, nommée « bohio », renferme deux corps de logis faits de parties de palmiers ficelées : le tronc formant les montants, la bulbe jagua, les. parois, et les feuilles guano, la couverture. L'extérieur est fruste, mais l'intérieur civilisé. Une cuisine a une simple caisse de bois pour foyer ; mais la chambre à coucher montre un lit à moustiquaire relevé avec recherche, et le salon offre souvent une machine à coudre moderne. Un préau à chaises en cuir de bœuf sert de lieu de réunion familiale se contentant d'une construction coûtant environ 25 pesos argent espagnol (100 francs), en vue de départ vers d'autres cultures. Néanmoins n'est pas général l'essai du sol de une ou trois années portant le nom de *partidario*.

Tous ces gens paraissent plutôt casaniers. La cause en est sans doute à de trop longues années d'insurrection. Jusqu'en ces derniers temps, un emballement poussait les gens à refouler des coloniaux accapareurs sans bénéfice pour les indigènes. Actuellement un apaisement général entraîne les gens vers une vie maintenant plus aimée : exploiter le sol. Exister sans efforts est un rêve heureusement atteint chez des indolents créés par une chaleur tropicale, des inoccupés ayant besoin de travailler seulement quatre mois par an, à tel point le rendement de la terre est bon et les affaires donnent de suffisants bénéfices. Et aussi est atteint le rêve de dépenser. Effectuer sans cesse des achats est un péché mignon courant dans les deux sexes ; le masculin ajoute un réel penchant à se rendre au café, à jouer aux dominos, cartes, échecs, billard ; et le masculin comme le féminin montrent comme bouquet un entrain inouï à s'adonner à la conversation.

Cette dernière coutume a beau parfois être interrompue d'une inclination à de plaisantes chansons : *Habanera tu, Niña Pancha, Paloma, Bilongo mató á Merced, Calinga, Piña mamey y sapote,* et·à de la musique de guitare, etc., jouant valse *Mercédès* ou danzóns *Dorila*, *Pulpero*, *Zapateo*, elle en demeure de beaucoup la grande occupation. Entre des interjections coutumières « que tal... que va... hombre... regular... Ave Maria purissima », se disent infiniment de mots. Les hommes discutent surtout politique ; à mon passage, les indemnités aux libérateurs de la patrie. Du reste, les finances passionnent. A noter que ces ruraux ont peu de besoins ; leur vestiaire n'a que chapeau panama, vêtements de toile ; leur nourriture se trouve à la propriété, les frais journaliers peuvent ne pas dépasser 4 francs pour toute une famille. Telles sont les conditions vitales en régions d'agriculture, branche suffisamment goûtée. Les campagnards se laissent doucement aller, durant de longues journées, jamais pressés, oubliant le temps, renvoyant tout « à demain » (mañana). Pourtant cette fameuse expression d'insouciance est contredite par « à un chant de coq » (un canto de gallo), terme de vaillance qui signifie, que pour eux les distances ne comptent pas.

Ce sont de bons cavaliers. On en rencontre couramment un en chapeau panama, costume blanc, qui est sur la moitié ouest du territoire, une chemise-veste à petits plis et poches, nommée *guayabera*. Souvent deux ou trois sont ensemble, jeunes à physionomie ouverte, âgés à physionomie respectable. Tous se tiennent bien sur une selle à pommeau rond, et étriers au devant recouvert de cuir. Le cheval a une allure particulière : point de pas ou *paso nadado*, ni galop ou *guatltrapeo*, mais un constant trottinement extrêmement mignard dans la croupe. Ces petits soubresauts, dits *mar-*

cha, sont si légers, qu'ils permettent le transport d'un verre d'eau sans avarie, dit-on. Ces montures, *arrenquines*, parfois rougies de la boue des sentiers, excellent en bien des kilomètres coupés de haltes bien réparties. A ces stations se voient de nombreuses bêtes lasses, se reposant et se nourrissant peu, à l'encontre de leurs conducteurs qui se ménagent, et consomment beaucoup à des maisons en chaume et à auvent de colonnes : **dépôts de provisions.**

Le plus répandu, à intervalles rapprochés, est la « bodega », une pièce ouverte avec un comptoir où sont des verres d'eau, bouteilles de vin, de bière, fruits, conserves. On s'y repose, on s'y restaure, on y prête même contre intérêts aux nécessiteux. Une organisation plus grande, qui se trouve à des endroits plus distants, la « tienda mixta », rend les mêmes services, et vend en outre des articles utiles. De tels étalages, surprenants en campagne, sont encore surpassés par une autre maison qui offre un choix complet de tissus de toilette et d'ameublement. L' « almacen » a une longue salle, où de nombreux clients, assis sur des tabourets tournants, sont servis par des garçons en bras de chemise. Cet établissement rapporte par an net environ 8,000 francs, valant normalement de 40 à 80,000 fr. Par trois ou quatre, ces maisons de commerce, parées extérieurement et intérieurement de surnoms : *Fortuna, Favorita, Princesa, Fraternitad, Habanera, California, America, Puerta del sol,* ou *Francia,* se voient généralement dans une agglomération habitée.

La **localité** a une note générale propre ; ses

maisons crépies blanc et bleu, créent un ensemble gai et frais. Le village est une avenue régulière, à sol brut et herbeux, que la moindre pluie rend impraticable aux piétons qui se garent sur des refuges intermittents pavés ou boisés sur pilotis. On y voit aussi maints poteaux à petites lanternes-reverbères, des cases en planches passées à la chaux et couvertes en chaume de palmier. Les plus grandes, avec un auvent à colonnes de bois, sont : buvette, boutique, école, hôtellerie ; celle-ci a des tables rondes nappées, souvent tachées de vin, et des chambres cloisonnées basses, munies d'un lit, simple cadre pliable entoilé. Dans la **petite ville**, on remarque : plusieurs rues droites entrecroisées, perpendiculaires, nommées de noms de héros nationaux : Marti, Maceo, Gomez; leur sol est macadamisé étendu entre des trottoirs continus ; et une place montre des massifs de fleurs bordés de pierres, encadrés de quatre beaux palmiers. On observe encore bien des poteaux à grosses lanternes-réverbères, des maisons carrées largement ouvertes et badigeonnées en tons clairs ; certaines sont des buvettes, boutiques, magasins, échoppes de coiffeur, ateliers de photographie, des pharmacies amplement montées, ornées d'aiguières et de belles boiseries. Puis viennent des petits hôtels aux plafonds enguirlandés de papiers de couleur dans les salles à manger, et aux chambres à moustiquaires justifiant le nom donné d'*El Aseo* (la propreté) ; des écoles remplies d'enfants ; des imprimeries de journaux politiques où revuettes illustrées ; des bâtiments pleins de fonctionnaires, des bureaux de professions libérales ; dans les maisons privées vit le sexe féminin confiné, voué aux questions ménagères. Enfin, apparaît un **cercle** agréable :

La « Sociedad » a une façade souvent prétentieuse à colonnes, un beau salon dont les parois et le plafond sont en bois peint gris, ou en pierres crépies de chaux. Cet intérieur clair et sobre, fait bien ressortir un mobilier foncé de sièges de rotin, des fauteuils fixes et balançants, des poufs, ainsi que des glaces. A noter aussi une scène théâtrale. Une première salle communique, par des arcades, avec d'autres offrant tables de jeu, billard de type ancien, énorme, à poches recevant les boules, un comptoir de rafraîchissements, une bibliothèque, des cabines de bains et douches. Cet établissement si pratique, pour une cotisation mensuelle de 60 centavos à un peso argent espagnol (de 2 fr. 50 à 4 francs), offre un lieu de réunion à beaucoup d'agriculteurs ou de petits citadins, de carrières libérales, politiques, commerciales. Des chefs de famille y mènent aussi leur femme et enfants, une fois par mois, pour s'y distraire à des bals, à des soirées littéraires, scientifiques, musicales, théâtrales, où sont données les œuvres du Cubain Fornaris, des Espagnols Mariano de Larra et Echegaray. Aussi ces sociedades, au nombre de une, deux, ou trois, etc., sont-elles très appréciées. Ces nombreux cercles existent à cause de leur monde varié : le Liceo pour les Cubains ; le Casino pour les Espagnols ; l'Union pour les gens de couleur ; et d'autres cénacles aux noms ronflants pour les mulâtres, nègres américains ou africains, et les Chinois. Cette vie de club est si effrénée, que les locaux où elle se passe éclipsent un édifice municipal ayant encore assez de relief, non loin d'une ou de deux fortes tours révélant une église.

Telle est la localité provinciale cubaine. Elle laisse un bon souvenir, surtout par son aspect frais du soir où un éclairage à l'acétylène fait resplendir les boutiques, et des globes électriques embellissent les palmiers de la grande place. Les façades des cercles sont encombrées de fauteuils, où sont affalés les sociétaires. Dans la journée, règne seulement une animation de cavaliers, de charrettes attelées de deux à quatre paires de bœufs, de petits véhicules traînés par des chèvres, de piétons de toutes races arrêtés dans des buvettes, magasins, bureaux de journaux et d'administration, cabinets d'avocat et de médecin. Ces dernières professions libérales enthousiasment les Cubains qui laissent le commerce et l'industrie aux Espagnols, Allemands et Américains. Au reste, les habitants des petites villes sont peu actifs au dehors, ils sortent peu, se faisant voiturer pour la moindre distance.

Même avant que la cloche de l'église, au son de casserole fêlée, ait annoncé l'angélus, les indigènes, petits citadins, s'adonnent au *farniente ;* les hommes se rivent en des fauteuils, les femmes et les jeunes filles jouent du piano, foyer sans soucis, ne retenant pas complètement la famille pratiquant parfois le théâtre. Cette distraction est assurée par des troupes artistiques ambulantes, deux pour le genre zarzuela, et trois pour la comédie et le drame. Une troupe, quand elle s'installe, met parfois à la porte un orchestre de danzón, attirant le public vers des pièces parfois très catholiques, les « *Sept douleurs de Marie,* la *Passion,* la *Mort* », bien rendues par la bande d'Artecona. Puis viennent des cirques, au nombre de dix à quinze, dont surtout le Lowande et le Canihac sont goûtés des gens de couleur, amateurs de musiques de cuivre ; des carrousels et des courses de bagues sont plaisirs masculins, toutes sortes de bals sont plaisirs féminins. C'est un assaut de robes claires jusqu'en rose, dans lequel excellent même les négresses ! Enfin, rien n'égale la grande occupation à la maison : la réception que la jeune fille fait à son amoureux, et le charme qu'elle a de lire ses épîtres enflammées, jusqu'en pleine nuit, à la lueur des *cocuyos*, hannetons aux yeux verts luisants, ressemblant à deux petites lanternes de - locomotive. Ces minuscules fanaux ornent aussi corsages et cheveux des femmes.

Dans la campagne, la vie est plus active, on s'absente davantage ; circuler est une habitude invétérée chez les hommes, en dépit des récentes insurrections qui ont réduit jusqu'à 1/5ᵉ les bêtes de transport, mules et chevaux payés 25 et 12 centens (environ 660 et 315 francs) ; cependant, c'est le cheval qui est le plus employé. Il est difficilement trouvé en location, mais néanmoins, on peut en engager à un centen (26 fr. 40), et en employer et nourrir à un peso cinquante d'argent (6 francs) ; ces dernières conditions entendues pour chaque jour.

La **route cubaine** n'est nullement uniforme, elle a des contours, des arbres irréguliers : les uns en éventail, tels le flamboyant, l'algarrobo, l'orejon, le pinon ; les autres arrondis, le salvadera, l'almendro, l'aulne, le mûrier ; d'autres aux racines nerveuses, au tronc clair : les lauriers d'Inde, croissant surtout sur une longueur de 14 kilomètres, en ligne droite de Cotorro à San-José-de-las-Lajas. Cette jolie perspective ne fait pas oublier 92 kilomètres en sinuosité qui s'étendent jusqu'à San-Cristobal.

Ces deux chaussées composaient la plus grande partie des 200 kilomètres de viabilité provinciale havanaise qui régnait à mon passage ; après ne se voyaient que quelques chaussées avoisinant les villes, et à peine 200 kilomètres de routes dans une province sept fois plus grande que la Havanaise, celle d'Orient. Aucune véritable voie de communication n'existait en rase campagne. Cela consistait en une simple piste large traversant les rivières sans ponts, se tordant entre des steppes, champs, pacages, ou taillis en forme de haies. Le sol est en sable rouge en région occidentale ; en calcaire argileux rouge ou noir en région centrale ; en argile, silice, et humus dans les parages de steppes, pacages, forêts ; en argile profond dans la région orientale montueuse. Ces différents sols, mêlés de mottes d'herbe, offraient des sillons poussiéreux ou des cloaques de boue, suivant leur état de sécheresse ou d'humidité. Mais ce n'était rien encore auprès des roches dents de chien, *dientes de perro*, qui occupaient maints points tracés de mauvais sentiers, résultats d'une insouciante domination plusieurs fois séculaire, rebelle à tout progrès. Il y a dix ans, dans tout le pays, n'existaient que 256 kilomètres de routes et 1,505 kilomètres de voies ferrées.

Une ligne transversale, abandonnée en 1887, et d'autres lignes laissées sous l'herbe, frappèrent une intervention américaine, qui fit faire, en quatre ans, plus de 150 kilomètres de routes, et surtout 542 kilomètres de voie ferrée transversale de Santa-Clara à San-Luis. Mais combien à faire encore ! car 4,053 kilomètres de routes sont projetés, et on espère les achever dans dix ans. Beaucoup d'argent activerait les améliorations ; le budget annuel des travaux publics n'était, en mars 1904, que de 26 millions de francs ; il était question de l'accroître de 20,800,000 francs, tirés pendant cinq ans de l'excédent annuel des douanes. En attendant, des bureaux s'offrent en plusieurs villes, et à la Havane on voit un beau ministère peuplé d'élégantes dactylographes, et d'impeccables employés occupés à des plans. Sans doute une telle apparence entraînera de réelles voies publiques, que les ruraux, routiniers, réclament mollement, et qui rendraient les campagnes bien plus animées. On y voit encore en maints points, rien que des cavaliers, suivis parfois d'amazones, peu de longs attelages de bœufs portant des marchandises, peu de chariots porteurs de bois géants, et çà et là un véhicule intéressant :

La **volanta** est une caisse en bois, aux côtés échancrés, dont la partie avant est en petit tablier vertical, et la partie arrière est en banquette profonde surmontée d'une masse de cuir, énorme capote. Cet appareil volumineux repose sur des lanières fixées à un châssis de deux brancards qui vont d'un essieu à un animal, voisin d'un second, porteur d'un postillon. L'intérieur est confortable : sa bonne suspension, entre des cahots d'arrière-train et des secousses d'actions animales, procure un siège très doux, à peine remué par les irrégularités du sol, et menacé juste par l'eau montant jusqu'au parquet, au passage des rivières. Ce moyen de transport assez prompt est usité dans presque toutes les régions ; il ne se loue guère, à cause de sa cherté, parfois d'un centen (26 fr. 40) pour une course de 8 kilomètres ! Dans certains endroits, on peut payer moins en prenant une voiture publique populaire :

La **guagua** est un long char à deux bancs longitudinaux, dont le tablier anti-pluie, énorme, préserve le conducteur, et dont le toit, ainsi que les rideaux vastes, garantissent les voyageurs. Ce véhicule est le plus couleur locale ; toutes les races le prennent, si bien, qu'on oublie sa lenteur sans façon, peu modifiée par cinq mules ou chevaux. Mais un transport pratique parcourt le territoire sur une voie normale de 2,371 kilomètres, additionnés de 1,394 kilomètres de voie étroite traversant les exploitations sucrières.

Le **chemin de fer** est une création déjà ancienne; les réseaux étaient, en 1904, à quatorze compagnies de quatre nationalités différentes : cubaine, espagnole, anglaise et américaine. Près des villes, il y a de deux à trois services quotidiens ; en rase campagne, un unique service ; et dans la campagne lointaine, deux ou trois seulement par semaine. Ces trains sont composés de machines et voitures plutôt simples ; la ligne occidentale de Pinar-del-Rio, et la ligne orientale de Santiago montrent de l'élégance. La dernière ligne, longue de 856 kilomètres, a de lourdes locomotives noires, et d'énormes wagons sombres, dont l'intérieur à une nef comprend, entre deux cabinets-lavabos, des sièges de bois ou de paille, ou des fauteuils tournants, et d'autres en osier pour observer le paysage. La première ligne a un type de matériel moins grand : locomotives ornées de cuivre et wagons jaunes, ayant parfois au milieu un étalage de liqueurs. Autrement, les provinces centrales : Havane, Matanzas, Santa-Clara, possèdent des convois de genre démodé, avec locomotives communes et wagons quelconques percés de nombreuses ouvertures à persiennes. Ces sortes de caisses, peintes rouge ou vert fané, sont mal accrochées et secouent les voyageurs. Des parages plus lointains ont des convois vieillots à machine au tuyau en forme de bulbe, et voitures piètrement boisées, roulant sur des voies serpentant sous l'herbe jusqu'à une station. Celle-ci est un vieux wagon, ou une hutte, ou un hangar en bois crépi à la chaux, ou un vulgaire amas maçonné, dont l'intérieur est mal distribué. Mais de meilleures stations, en pierre ou en bois jaune, pourvues de buvettes, parfois de buffets et de repas à emporter, font le bon point de départ d'un voyage qui satisfait pleinement la curiosité.

En effet, voici déjà beaucoup d'étrangers, de créoles, blancs, mulâtres, nègres, tapageant autour d'un guichet où les billets doivent être acquis en monnaie américaine ; mais l'espagnole est aussi tolérée. On passe vite si on paie en argent américain ; on attend qu'un employé fasse un petit calcul si on n'a que de l'argent espagnol ; et enfin on arrive tout juste au départ du train.

Au brusque avertissement d'une cloche argentine, s'élance le noir coursier. Il est plein de banquettes vis-à-vis, où siègent des hommes et des femmes en blanc. Des employés, en beige, à casquette galonnée d'or, ou casquette de paille ajourée, contrôlent les billets. Un autre employé circule, vendant des publications : l'*Assommoir*, de Zola ; *Mme Bovary*, de Flaubert ; *Noirs et rouges*, de Cherbuliez ; *Germinie Lacerteux*, des Goncourt ; des ouvrages d'Anatole France, de Pau Miguel Volsvyovski, de Sienkiewicz. Aux stations, une invasion de petits nègres arrive, vendant : journaux, bananes, oranges, cannes à sucre, mangues, melons, cocos, et autres fruits, des confitures d'ananas, des pâte et gelée de goyave, des gâteaux *dulces*, des graines nutritives *mani*, des rafraîchissements de toutes couleurs *gaseozas*, des cigares à peine tordus et finis, parfois des petits oiseaux colorés d'un prix élevé, et des bouquets pyramidaux de gardenias. En outre, des mendiants viennent quêter ; des individus tiennent dans leurs bras des coqs de combat ; des voyageurs, en grande partie de couleur, montent, les femmes pomponnées jusqu'en chapeaux à plumes ou toques bleu pâle. Tout ce monde est bruyant ; le tapage est augmenté le dimanche par des orchestres de danzón.

Ce train, prenant son eau à des réservoirs placés auprès des rivières, a coutume d'avancer vite, en desservant beaucoup de stations. Ainsi, le grand train central stoppe à 90 stations en 856 kilomètres parcourus néanmoins en 23 heures. Ce serait parfait, si le tarif n'était de 14 centimes par kilomètre. Un autre moyen plus cher de locomotion, que la rareté des communications terrestres rendait précieux, est encore intelligemment employé, surtout pour les régions écartées ; son parcours plus long est couvert plus vite qu'un parcours terrestre moins étendu.

Le bateau à vapeur a de bons itinéraires, touchant la plupart des points nationaux :

1° Deux services hebdomadaires vers les ports nord et sud de la province occidentale ;

2° Deux également hebdomadaires vers les ports nord des provinces orientales ;

3° Un bi-hebdomadaire et un hebdomadaire vers les ports sud des provinces orientales.

Ces services sont assurés par cinq compagnies : cubaine, espagnole, américaine, américaine, cubaine. Cette dernière a d'assez grands vapeurs peints en blanc. De nombreux services desservent les Etats-Unis : tous les jours Keywest, tous les deux jours Tampa et Mobile, deux fois par semaine New-York, quatre fois par mois la Jamaïque, deux fois par mois Haïti, Porto-Rico, la France, enfin une fois par mois l'Espagne, l'Allemagne, tandis que Liverpool est desservi par des vapeurs de commerce.

Tout autres sont les communications intérieures nationales, retardataires. Il y a peu d'années encore, les régions étaient si peu parcourues, que les indigènes ignoraient les bornes de leurs propriétés. Cela provenait aussi d'une longue ère d'administrateurs répartissant un sol colonial par une trop simple indication de point, au centre d'une surface rayonnante d'une ou deux lieues. Cet allottement hasardeux sur papier, en non-correspondance du terrain, causa des confusions, des procès qui durent encore, malgré ce dernier siècle de choix du sol devenu libre pour les habitants. Pourtant, la campagne cubaine commença à être mesurée sur place au xvi° siècle, dès 1514, date de la première concession agricole nommée « Merced ». Mais la région intérieure fut arpentée mal par des géomètres très ignorants ; et seule, la région côtière fut dessinée suffisamment par des ingénieurs militaires et civils. De nombreux croquis du sol, venant d'environ cent collaborations, furent enfin réunis par un patient travailleur, *Pichardo*. A ce Cubain est dû le premier croquis d'ensemble au 1/132,500°. En 1898, une carte générale au 1/500,000° a été publiée par les Etats-Unis. En ce moment, une carte finalement la plus complète est préparée par le gouvernement cubain qui utilise les rapports des agents des Travaux publics ayant triangulé et commencé à cadastrer. De cette topographie ne pourra que sortir un heureux avenir national.

La superficie totale de CUBA compte 114,524 kilomètres carrés, une longueur d'environ 1,200 kilomètres, et une largeur de 40 à 200 kilomètres. La **population**, d'après plusieurs recensements, accusait : en 1774, 171,620 âmes ; en 1841, 1,007,624 ; en 1887, 1,631,687 ; en 1899, 1,572,797 ; et à cause d'un début d'immigration en grand, de 1902 à 1907, de 155,252 sujets, en 1907 : **2 millions 048,980 habitants.** Cette population renferme 1,428,176 individus de race blanche, et 620,804 individus de race de couleur : mulâtre, noire, ou jaune. Les deux sexes sont à peu près en nombre égal, donnant néanmoins 974,098 femmes contre 1,074,882 hommes ; et seulement 37 pour cent des gens s'adonnent à des occupations lucratives, soit 772,502 personnes. Tous ces gens se divisent en

1,820,503 Cubains et 228,477 étrangers figurés dans 185,393 Espagnols, 11,217 Chinois, 7,948 Africains, 7,198 Antilliens, 6,713 Américains des Etats-Unis, 1,442 autres Américains, 1,187 Mexicains, 1,252 Anglais et 1,476 Français. Tous ces habitants résident en 82 municipalités, 6 provinces, dont la plus petite, mais la plus habitée, est la Havanaise, et la plus grande et une des moins habitée, celle d'Orient.

La **PROVINCE** de **LA HAVANE** est large de 57 kilomètres et longue de 107 kilomètres. Sa population était en 1907 de 538,010 âmes. Son aspect général est à moitié boisé, et il découvre de nombreuses petites plaines et petites collines.

Une **première excursion**, dirigée vers l'Est, part de la gare havanaise de Villanueva. Un train va lentement dans une rue longue bordée de maisons populeuses, puis accélère sa marche dans une avenue taillée à travers le Jardin Botanique et la Quinta de los Molinos. Il parcourt ensuite un terrain plat, et s'arrête à Cienaga et au Cerro, puis un ravin avec arrêt à Jésus-del-Monte, des marécages bordant une baie traversée de bacs à vapeur de Muelle-de-Luz à Regla relié d'une voie ferrée à Minas. Ensuite, de courts ravins de palmiers, et des traversées de broussailles, augmentent la rusticité du site. On trouve Campo-Florido, gai village à magasins, et relais de cavaliers dont certains portent du lait à un petit kiosque bordant la voie. Une même explication peut être donnée de San-Miguel, village près d'où sont des cannes à sucre, et des palmiers clairsemés. Ces derniers couvrent à droite une colline, à gauche un vallon ; et une tranchée montante aboutit à une plaine.

Jaruco, établi par un comte, il y a plus de cent ans, est un bourg qui a une église au court clocher, et avait à mon passage un aspect ruiné depuis 1896, quand des insurgés détruisirent 136 maisons et des ombrages de lauriers d'Inde. Les environs agréables, leurs chemins bordés de cactus, palmiers, cocotiers, et des intérêts, ont commencé à ramener une population qui accuse maintenant 2,056 âmes. Plus loin, sont des cultures rases, des pacages, Bainoa, village construit en bois, et des terres présentant des palmiers, bananiers, cannes à sucre, sucreries, parmi lesquelles *Rosario*.

Aguacate établi aussi, depuis plus d'un demi-siècle, est un bourg dont deux rues offrent : l'une une bonne confiserie de goyave, et l'autre, principale, maintes maisons à vérandas, et une massive église coiffée en calotte. Cette agglomération de 1,109 âmes occupe un sol jadis très fécond, revenant à la fertilité par brûlage.

Au delà, des mamelons sont couverts de buissons ; et des bois revêtent une chaîne de monticules. Pour y parvenir, on trouve à Empalme une voie de bifurcation traversant des cannes à sucre, des orangers, des palmiers espacés. Après Nobles, une autre voie de bifurcation passe au milieu d'une jolie forêt, file entre de grosses collines, avec champs, sucrerie, herbages et palmiers trappus, *hatas*, jusqu'à une charmante apparition distante de la Havane de 87 kilomètres.

Madruga est le plus gracieux bourg qu'il soit possible de voir, avec ses rues en pente, son square, son hôtel à véranda en belvédère. Malgré son site

agréable, à mon passage, cette localité de
2,175 âmes semblait déplorer une décroissance de
ressources causée par les insurrections. Il pourrait
cependant les augmenter par une exploitation d'eau
minérale, bien composée, et d'une température de
27°. Cette eau a été propice pécuniairement, bien
des années, à un propriétaire qui céda en 1866 un
édifice à la municipalité qui l'améliora en 1894. En
outre, la situation locale est proche d'une colline
haute de 200 mètres, **la Jiquima**, qui serait une
bonne villégiature d'air, égayée par une jolie vue
sur les chaînons de Grillo et d'Industria. Près de
la Jiquima est un monument, la *Gloria*, érigé à
46 morts pour la patrie.

Une **seconde excursion**, dirigée vers le Sud, se
faisait, à mon passage, en guagua, permettant de
voir en détails la plus belle route cubaine. Celle-ci
traverse un ruisseau à un village, Luyano, à bodegas et parcs à bœufs de boucherie, gravit une colline, parcourt un vallon en berceau de verdure,
atteint un village touffu, San-Francisco-de-Paula,
où sont des bodegas et des tiendas mixtas, quitte
les mamelons pour parcourir un sol plat au long
village ravitailleur, Cotorro, près de la station minérale Santa-Maria. Arrivée au poétique hameau
de Cuatros-Caminos, elle devient durant deux lieues
une merveilleuse avenue d'un seul trait en dégradé
infini de lauriers d'Inde. Cette suite d'arbres, traverse de jolies prairies, atteint un cirque ravissant
bordé d'un petit mont calcaire et des verdoyants
chaînons Camoa, Tapaste, San-Rafael. Dans ces
parages, on voit de nombreuses charrettes portant
du lait, des bananes. Environ 150 de ces véhicules,

chargés chacun de 2,000 litres de lait et de maints
régimes de bananes, sont ravitailleurs de la Havane ; et c'est chaque nuit une tâtonnante procession venant d'au delà du village Jamaïca, où
s'achève mon trajet de 26 kilomètres. Après une
allure endormante de quatre heures, je fus ravivé
par l'aimable accueil d'hommes vêtus de clair, qui
se prêtèrent obligeamment à une pose photographique, et me suivirent même quand je pénétrai
dans un rez-de-chaussée à colonnade, et au premier
étage original à persiennes d'une hôtellerie nommée « Campamento cubano » que je quittais pour
voir un plaisant bourg de 2,873 âmes, prospère
en affaires et en deux bonnes confiseries de
goyave.

San-José-de-las-Lajas est une série de maisons
irrégulières près de l'étang poissonneux Escrivan,
et de maisons régulières à colonnes, au bord d'une
grande et belle voie. Là, bien des gens sont assis
à prendre l'air ; et d'autres préparent le départ des
produits du sol. Rêverie et travail ont lieu dans un
crépuscule suave, sur un boulevard, délicieux
aussi le matin.

A six heures, dans une rosée vaporeuse, je partais et prenais une route passable, traversant des
prairies, de rares cultures de bananes, de cannes
à sucre, de maïs, tabac, quelques cases à Ganusa,
une propriété touffue, la Luisa, une bodega, la
Villareal, et filant entre des arbres variés, sur un
sol onduleux assez uniforme, devenu bientôt à
quelques maisons soudain en saillie originale. Ce
lieu, dit loma Candela, domine une plaine plantu-
reuse, d'une longueur infinie, et large de 20 kilomètres, jusqu'à une mer sereine se confondant avec

l'azur. Un tel tapis vert piqueté de palmiers paraît en vision fuyante, car, aussitôt, la voie emprunte une tranchée profonde de dix mètres, belle courbe longue de 200 mètres tapissée de racines de jaguey. Au sortir, plus bas, succède une lieue et demie d'avenue plate, berceau d'arbres de jolies formes, terminant un trajet de 21 kilomètres à un groupe important et animé.

Guines est une petite ville modèle, très active, qui s'est perfectionnée intellectuellement. Un de ses habitants, Francisco Arango y Parreño, a créé des écoles maintenant au nombre de 32, en raison de l'étroitesse des locaux qu'on a pu louer, malgré cela, chacune arrivant à contenir 300 enfants. Elle s'est perfectionnée aussi au point de vue économique. Cela était aisé dans une région dont le sol généreux fait qu'une semence de pommes de terre sortie du moindre baril donne 6 à 12 barils de production ; et proportionnellement, 40,000 fûts rendent 240,000 fûts. La chose se répète en deux récoltes anuelles. Cette vigueur de la pomme de terre ne nuit pas à d'autres légumes : tubercules, cornichons, piments, aubergines, surtout les tomates, exportées par 200,000 caisses payant : plusieurs mois de 26,000 francs à des ouvriers, une allocation hebdomadaire de 1,040 à 1,560 francs à des magasiniers, et un revenu annuel de 1 million 560,000 francs à des habitants locaux. C'est une parfaite réussite de propriétaires indigènes, plus de 60 Américains, bien aidés par 4 maisons de commerce de même nationalité, assurant un sûr débouché vers les Etats-Unis. Ces derniers prennent de plus en plus les produits maraîchers d'une campagne bien irriguée. Aussi cette localité de

8,053 âmes montre-t-elle un aspect plein d'aisance, des rues propres, un marché actif, un hôpital plaisant, un square à statue de la Liberté, une église pimpante, une distillerie de riz, quinze maisons de tabac, deux sucreries, dont une grande, *Providencia*. Cette prospérité explique un projet de canal Mayabeque vers la mer, entreprise qui est néanmoins restée abandonnée.

D'une gare massive, part une voie ferrée tracée au Sud-Est, traversant des champs de cannes à sucre, une palmeraie et des maisons de bois blanchies à San-Nicolas, des villages populeux, Vegas, Palos, étendus sur une terre rouge, écartés d'une chaîne de petites collines. A ce 30° kilomètre de Güines, et au 102° kilomètre de la Havane, l'itinéraire veut qu'on revienne sur ses pas, vers d'autres sites plus gracieux encore. Une voie ferrée, tracée à l'Ouest, passe parmi des champs de cannes à sucre, une usine en briques aux tons frais, *Mercedita*, de longues prairies plantées d'arbres en éventail, derrière lesquels se trouve une chaîne de hauteurs faibles. Successivement, se rencontrent les villages en chaume de Mélena, Guara, Duran ; et ce caractère rustique s'accroît, quand le train s'arrête au 29° kilomètre, à une localité de 1,200 âmes, San-Felipe, très rudimentaire. Je voyais à mon passage des rues terreuses, des maisons de toutes tailles, une seule auberge, à l'aspect misérable : une salle à manger, au plancher délabré, plusieurs petites chambres, à unique porte donnant sur une cour sale, avec, pour tout meuble, le plus petit cadre-lit. Je me reposai néanmoins sur cette couche, ce que ne pouvait dans la pièce voisine, n'employant qu'un grabat, toute une troupe d'acrobates et d'écuyères qui passaient une nuit entière à faire du tapage.

Le lendemain, de la gare havanaise de Villa-nueva, je partais en **troisième excursion**, dirigée vers le Nord-Ouest, des champs de cannes à sucre et une sucrerie, *Toledo*, une maison d'aliénés, **Mazorra**, devant laquelle un joyeux fou s'armait d'un balai, qui le faisait surnommer « chef d'armée de l'ancien régime ». Ensuite, le convoi traverse en sol plat les végétations variées de Rincon, **San-Antonio**, petite ville de 9,125 âmes, où se trouvent une église à deux tours, une grotte et un établissement balnéaire. Après, on voit des sillons de tabac, des buissons, des champs bordés de pierres sèches, des rangées de palmiers. A Ceiba, sont des cultures diverses, suivies d'une étendue inculte, principalement au 57ᵉ kilomètre, où sont de nombreuses maisons disséminées, un peu en dehors de la limite provinciale :

Guanajay est une petite ville d'aspect suranné ; les récentes insurrections ont diminué sa population. Certains jeunes orphelins occupent des baraques militaires ; un tout petit, d'une maigreur étique, était soigné à l'hôpital ; une prison dirigée par un nègre ex-colonel, recevait les tarés de l'existence. Une place à cinq hôtelleries, et des rues, où les maisons ont un toit en saillie, achèvent de fixer le caractère de cette localité de 6,400 âmes, située près du ruisseau Hojo-del-Agua, et de la petite colline San-Gabriel.

Alors, de la gare havanaise de Villanueva, je partais en **quatrième et dernière excursion**, dirigée vers le Sud. Je traversai des champs de tabac, cannes à sucre, maïs, manguiers, bananiers, au ras de mamelons, dont un garde deux héros, Maceo, le fils Gomez, portés par le général Delgado et cachés par les braves paysans Perez. La tombe de Cacahual cède la place à une station à voûte métallique, annonçant de la gaieté.

Béjucal a des rues régulières et des hôtelleries de bon ordinaire, une place coquette, ornée de palmiers, d'une statue de la Justice, et la sociedad Liceo, jolie création prospère par 60,000 francs de souscription publique. Dans un si parfait lieu de réunion pourtant, je n'aurais pas songé trouver un spectacle aussi imprévu. Un médecin-artiste conduisait un ballet-menuet de deux files de gracieux interprètes. Ces seize jeunes gens et ces seize jeunes filles devaient prochainement évoluer, travestis en soldats russes brandissant des sabres et en japonaises tournant des parasols. La population féminine est très forte. Elle provient de deux fabriques de tabac qui, avec une exploitation fruitière, rendent prospère une petite ville de 5,265 âmes.

Continuant mon trajet, je traversai la partie provinciale méridionale composée d'une plaine de cannes à sucre, de prairies, d'une savane, d'innombrables palmiers commençant à Quivican. Quintana est à peine dépassé, qu'on parvient à un 57ᵉ kilomètre de la Havane, à une gare terminus, au bord de la mer, où est aussi **Batabano**, bourg de 4,990 âmes, dont une partie se voue à une exploitation laborieuse :

Les éponges, quoique d'une recherche récente, ont donné déjà de beaux résultats. On sait que ces animaux vivent sur des hauts-fonds de sable et pierres calcaires ; ils sont abondants sur les côtes cubaines nord et sud qui produisent 34 et 22 classes spongieuses. Comme on ne cessait jamais la récolte, il fut décrété que celle-ci cesserait du 1er mars au 31 mai, sur une partie de rive nord de Cardenas à Nuevitas, et sur une partie de rive sud de San-Antonio à Cienfuegos. Cette dernière zone n'avait, en 1904, qu'une partie orientale utilisée, bien suffisante, attendu qu'on peut pêcher sur tous ses points entre 4 milles et 30 lieues du rivage. Les moins profonds donnent des produits de 16 pouces, et ceux ayant jusqu'à 20 mètres de profondeur donnent des produits énormes jusqu'à 75 centimètres de diamètre. A citer entre autres un spécimen de luxe et de grande valeur marchande, la « machito del Calvario ».

Pour l'extraction, un voilier détache un canot dont la poupe est occupée par un observateur couché à plat ventre, la main gauche maintenant un seau à fond vitré reflétant le relief sous-marin portant des éponges que la main droite retire avec une longue perche à crochet. Cette pêche a lieu en temps calme, qui favorise ordinairement les mers cubaines, seulement troublées des vents sudest, et de courants venant de grandes pluies tombées, grossissant les eaux des rivières du pays. Ces éponges, pêchées à raison de 7 à 800, restent 4 à 5 jours dans des réservoirs munis de trous, faisant corps avec le bateau, ou bien sur le pont.

A mon passage, dans le port principal, des éponges, stationnaient près de 150 bateaux armés particulièrement. Toute embarcation s'en allait quarante jours, ravitaillée par une ou deux bodegas, gouvernée par environ sept mariniers et un à trois propriétaires. Une barque moyenne rendait 2,600 fr., dont plus d'un quart ou 649 francs payait l'entretien de nourriture, un peu plus de la moitié ou 1,326 francs assurait le gain de sept hommes, et le quart restant ou 625 francs constituait le bénéfice à un, deux ou trois propriétaires. Ces derniers auraient gagné peu, s'ils n'avaient profité aussi sur l'approvisionnement de l'équipage. Après ces propriétaires, venaient dix employés gagnant 900 francs par mois ; c'étaient des acheteurs ou *compradores* de maisons commerciales aux deux tiers européennes. Ils se réunissaient chaque matin, à une bourse spéciale silencieuse. A une table, à son tour, chacun annonçait les arrivages, quantités, qualités, prix des éponges. Cet avis de vente était suivi aussitôt d'achats sur bulletins qui devaient parfois être renouvelés pour établir un seul récipiendaire. Un résultat sans ballotage avait lieu presque toujours, à cause de la parfaite connaissance des articles, facilitée par de nombreuses expositions. De 6 h. 1/2 à 10 heures, une rue entière montrait à la file parfois jusqu'à trente lots de 50 à 200 douzaines, de 150 à 2,000 fr.

Chez eux, les compradores mettaient les éponges à sécher près de trois jours au soleil, reposer en casiers à claire-voie, à découper pour être allégées en vue du passage en douanes étrangères, à comprimer dans un appareil moulant journellement 12 à 14 balles de 500 éponges, pesant 35 kilos, ou de 900 éponges pesant 50 kilos. Ensuite, ils les classaient par grosseurs, qualités, en cinq catégories. Les articles naturels ou *sucia* allaient en Angleterre et en France ; tandis que les articles blan-

chis ou *blanda* allaient en Amérique, Espagne,
Grèce, Russie ; la plupart étaient dirigés vers les
Etats-Unis, et surtout vers la France.

Chaque acheteur expédiait annuellement pour
130 à 780,000 francs. Cette somme tendait à s'accroître, à cause de l'augmentation des prix d'achat,
créée par les syndicats d'ouvriers et de pêcheurs,
ces derniers originaires des Baléares. Un renché-
rissement de 45 pour cent existait en 1903. Et en
1907, l'industrie des éponges, entraînée dans des
trusts, créait une exportation de 310,000 douzaines
valant 1 million 660,084 francs.

Tous ces renseignements provenaient de deux
aimables acheteurs français, qui me montraient des
curiosités spongieuses et autres objets originaux.
Le moins jeune de mes compatriotes était un véritable naturaliste. Je les quittais pour atteindre par
une bonne route une riante localité pouvant se nommer **Batabano intérieure**. Des plantes maraîchères,
cactus, bananiers, palmiers royaux, nappes d'eau,
entouraient des maisons, dont 100 rasées rendaient
la population amoindrie de 700 âmes, développée
en 1907 à 1,531 âmes.

CHAPITRE QUATRIÈME

Du port de Batabano, un matin, je partais sur un vapeur à roues, en forme de caisse, tout blanc, qui semblait comme un fantôme avançant sur une mer de plus en plus solitaire. En vue, se montraient des eaux devenant à mesure plus ensoleillées, laissant transparaître un fond très proche, et maints accidents qui venaient émerger.

Les côtes de Cuba sont originales. Celles-ci, aux trois quarts, comprennent une mer peu profonde allant d'une largeur de 25, 50 kilomètres à une largeur de 70 jusqu'à 150 kilomètres, considérable zone où plus de 950 îlots s'essaiment en deux quantités à peu près égales. La rive septentrionale a un centre de 230 îlots : le *Parterre du Roi*, avec quatre principaux très longs : *Romano, Coco, Turiguano, Guajaba ;* et une partie ouest de 50 îlots : les *Colorados*. La rive méridionale a un centre de

200 ilots : le *Parterre de la Reine*, le *Labyrinthe des douze lieues* ; et une partie ouest de 90 ilots : les *Canarreos*, s'achevant dans les eaux provinciales havanaises, avec 35 silhouettes insulaires. Ces dernières montrent bien la nature de tous ces îlots nommés génériquement « cayos » : verdure fixée sur terre solide, ou, bien des fois, sur de simples racines, *mangliers*, *patabanes*, donnant du charbon de bois pris par des petits voiliers.

Hors d'une sorte de détroit, *Paso del Hacha*, entre les îlots *Mal Païs*, *Buena Vrsta*, *Redondo*, *Cruz*, suivait un désert aquatique franchi en une heure 1/2 avant des touffes vertes, composant 80 satellites d'une grande île. Cette dernière s'offrait d'abord en colline vaporeuse, puis progressivement en six sommets. Au devant était une plaine au bord de laquelle s'achevaient 9 heures d'une traversée de 142 kilomètres. Encore deux kilomètres sur une rivière serrée entre des broussailles, des petits palmiers, et on joint une maison vieillotte : station de Jucaro voisine d'un pré, d'un manguier, d'un palmier et de rares véhicules. D'autres kilomètres étaient accomplis de retour en mer, doublant les pointes Fuera et Columpio ; après quoi, un projecteur électrique aidait la remontée d'une rivière, aux rives plates se resserrant jusqu'au débarcadère de Nueva-Gerona.

L'ILE DES PINS, couvrant un maximum de 52 kilomètres du nord au sud, et de 72 kilomètres de l'est à l'ouest, est un pays spécial. Forme, nature intérieure et extérieure, atmosphère, habitants, ont un certain genre. C'est une curieuse configura-

tion, ressemblant à une volumineuse côtelette.
C'est une maigre composition géologique de
plaines sablonneuses, caillouteuses, ferrugineuses,
à sol peu végétal, de collines assez rocheuses, calcaires, parfois marmoréennes, trouées de grottes,
et de petites éminences peu argileuses, ravinées de
ruisseaux d'eau chargée de fer et de magnésie.
Extérieurement, ce sont : des steppes d'arbustes,
de petits palmiers ; des collines d'arbres moyens,
formant les chaînons parallèles Caballos et Casas,
et des pitons espacés, Bibiagua, San-José, Cañada,
San-Juan, le Daguilla, pointant à 400 mètres ; enfin
des ondulations centrales, plantées de pins procu-
rant un air sec, balsamique, de température modérée. Des parages si salubres ont favorisé une immigration américaine, amenant des coutumes particulières, dans une île rappelant seulement : un
passage de Colomb, de pirates, de forçats, d'une
héroïne, Evangelica Cisneros, d'esclaves, de rares
cultivateurs. De récentes insurrections ont amené
18,000 réfugiés ; en tout, en 1907, se comptaient
3,276 habitants, sur un champ d'action neuf.

On le constate dans un port expédiant peu de
bétail, de bois, **Nueva-Gerona**, aussi capitale miniature, où une église et un hôtel, clos de moustiquaires, attendent une future clientèle. Une situation
salubre, une source de 18°, alcaline et contenant de
la magnésie, nommée Bano-del-Arroyo, augmen-
teront les 500 âmes, accrues aussi par des bureaux
lotisseurs de terres. A mon passage, des espaces
de 13 hectares 1/2 acquis : en terres maigres à
520 francs, en terres assez bonnes à 1,040 francs,
et en terres meilleures touchant les rivières et collines à 5,200 francs, provoquèrent un vaste achat

de 10 millions 400,000 francs de la « Island of Pines Company » et de la « Fruits and vegetables growers Association » ; et un journal, *Appeal*, poussa aux exploitations privées, dont deux vont être citées.

A 3 kilomètres, près d'une source tempérée de 17°, *Brazo-Fuerte*, se trouvaient 900 hectares de cultures fruitières, d'arbustes azalées, paralejos, vacabueys, palmiers étoilés, pruniers guayabas, d'arbres d'hiver et d'été sur deux collines renfermant des grottes et du marbre aujourd'hui abandonné. Le tout appartenait à un amateur, M. Keenan, ex-directeur de journal américain, très accueillant dans une maison crénelée au bord d'une rivière, passée laquelle était un autre amateur qui paraissait ravi de m'instruire sur son gentil domaine.

Une petite terre de 13 hectares 1/2 montrait 28 ruches à miel, 3,000 ananas, 7,000 tomates, 300 gros et 2,500 petits orangers dont la production était prochaine. Une colonie aussi réussie dépendait de son courageux pionnier, qui, après trois ans d'exploitation, n'exposait plus que 3,650 francs, grâce à ses récoltes de : miel qui donnait 1,040, d'ananas, 1,560, de tomates, 8,320, et à la liquidation d'un cheval vendu 520. C'était un total de 11,440 francs produits par une dépense de 15,090 fr. ainsi répartis :

Papiers d'achat......................	130 francs.
Impôt à l'Etat......................	21 —
Acquisition de terrain............	520 —
Fils de fer de clôture............	1,560 —
Main-d'œuvre ouvrière............	1,560 —
Instruments aratoires............	780 —
Deux charrettes..................	625 —

Deux chevaux......................	1,040	francs.
Nourriture de ces bêtes..........	2,496	—
Installation d'abeilles.............	520	—
Graines d'ananas, tomates, et plants d'orangers.................	1,170	—
Montants de bois de maison.......	406	—
Meubles et ustensiles.............	260	—
Correspondance...................	40	—
Fourneau de cuisine..............	52	—
Nourriture pour deux personnes...	3,754	—
Toilette — ...	156	—

Ces chiffres, les plus restreints qui soient pour une exploitation, suffisaient à cause de l'activité de son propriétaire qui avait construit lui-même maison, dépendances, puits, éolienne, secondé par une compagne qui tenait le ménage. Se suffire était leur seule idée ; quoique non initiés à la culture, car c'était un tapissier décorateur à Boston, et c'était une veuve d'officier de Berlin. Ils rivalisaient à travailler outre mesure, jusqu'à empaqueter des tomates au clair de lune. La femme s'appliquait encore à faire du pain et des gâteaux. Ceci attirait les gens d'alentour, qui apportaient finances, gaîté, rendant deux cœurs tout à fait unis.

Au sortir de l'idéale vie de *Riverside*, d'autres terres me charmèrent moins : une avec prés, tabac, l'Abra, proche d'un col et d'un chaînon collineux, formé de rocs, grottes, lianes, palmiers.

L'intérieur de l'île se visite par une locomotion aisée en voiture, sur une route ferme, parcourant d'abord un sol onduleux et nu, puis frais avec des palmiers, et enfin boisé avec des pins peu serrés. Au delà d'une clairière plantée d'orangers de Sainte-Rosalie, d'un ruisseau, le Mal-Païs, et de vues agréables sur des collines écartées, ne s'offrent plus que des pins ininterrompus, et des maisons de colons, disséminées, jusqu'à des terrains plus fertiles ; au 16ᵉ kilomètre, croît un énorme laurier d'Inde, auprès d'un village de 400 âmes :

Santa-Fé montre près d'un cours d'eau : deux sources chargées de fer ou d'alcali, de magnésie, et un bain thermal de 32°. Un cadre vert tropical de manguiers, et tempéré de pins, est vraiment pittoresque. Cet avantage a donné lieu à une création récente de petite station hivernale ; et les environs, surtout le fertile San-Juan-de-la-Jagua-de-la-Manigua, comptent près de 600 Américains.

Cette immigration des Etats-Unis était attirée par le traité de Paris, leur attribuant une île qu'une intervention américaine refit cubaine à titre provisoire. Par là, naissait une période incommode pour des cultures, dont était ignoré le futur Etat possesseur. Cet aléa impatientait d'autant plus, que 2,000 cigares de la récolte de 1902 attendaient, pour entrer en franchise à New-York, que le pays soit cédé à la République Américaine. Pour encourager ce but, les produits du sol étaient envoyés, pour influencer le Congrès de Washington, qui décida néanmoins une finale nationalité cubaine. Ce dénouement ne ruinait pas cependant les colons américains qui continuèrent à cultiver certains points fertiles.

L'exploitation de l'île charge seulement par an 8 voiliers, mais une amélioration est certaine, à cause des terres se prêtant à la production des fruits, légumes, tabac, miel, où peuvent croître des vignes, où sont des prés pour le bétail, des carrières de marbre, où la pousse des palmiers donne le chaume des maisons, et les taillis procurent des perches pour les cabanes-séchoirs de tabac. De plus, les pins, l'acajou, l'ébénier, le jucaro, l'acana, le sabina, poussent sur de grands marécages.

Cette région méridionale était le sujet de propos animés dans une hôtellerie venant juste de recevoir un curieux trio : un voyageur typique et deux dames, criblés de coups de soleil causés par une excursion plutôt originale. Un voilier schooner avait été loué pour une circumnavigation insulaire, qui fut très mouvementée. D'abord, les quatre premiers jours avaient été heureux, à côtoyer l'Ouest : Nueva-Gerona, les rivières de San-José et de los Indios, la péninsule Cabo Francès et le point Caleta Grande. Mais une nuit d'insomnie survenait à la capture d'un gros requin, dont la chair attirait d'autres cétacés énormes et menaçants. Un cinquième jour s'écoulait devant le point Caleta Carapachivey, au centre méridional côtier, non dépassé à cause de vents et de courants contraires, faisant rétrograder vers Nueva-Gerona. Trois jours de repos préparaient à quatre autres jours de zigzags à serrer de près l'Est : Nueva-Gerona, la pointe de Bibiagua, les cayos de Mangles, la Boca de Cienaga, la pointe de l'Este. En cet endroit s'accomplissait enfin un atterrissage. Une plage déserte avoisinait la hutte d'une pauvre famille, puis une grotte profonde de 50 pieds, avec voûte trouée en cheminée, et parois ornées de dessins indiens. Une côte méridionale coralienne, rocheuse, marécageuse, boisée, suivait. Puis, un treizième, un quatorzième et un quinzième jours se passaient à longer l'Ouest et le Nord jusqu'à Santa-Fé. Ainsi s'achevait une aventure vécue par Mr Freeman P. Lane, Américain de Minneapolis en Minnesota, simple avocat, que le hasard avait improvisé explorateur, mon concurrent.

A l'aurore du lendemain, je m'engageai sur une route traversant 32 petits ponts, bordée de pins, longue de 8 kilomètres, dans une voiture de carossier parisien, Biscayart, curieusement rencontrée en un pays si écarté. En le quittant, je me dirigeai, par mer et par voie ferrée, vers la Havane, point de départ vers des parages Ouest curieux.

De la gare havanaise du meilleure style, Cristina, partait un train allant à Jesus-del-Monte, uni par des tranchées et un viaduc à Calabazar. Ce dernier point, jadis de plaisir, aujourd'hui d'industrie, est suivi d'un centre à usines de tabac, à propriété d'essais agricoles. Cette petite ville de 6,462 âmes : **Santiago-de-las-Vegas**, offre encore une église à deux tours, de nombreuses maisons à vérandas. Son pittoresque fait place à une plaine de maïs, tabac, cannes à sucre pourvoyant l'usine *Fajaldo*. L'uniformité de ce site est coupée de végétations groupées ou allongées de palmiers royaux encadrant agréablement les bourgs de 5,550 et 4,315 âmes de Guira et Alquizar Puis une brousse rase, porte çà et là des arbres ceibas caractéristiques, et aussitôt une élégante futaie de palmiers créant au 71e kilomètre une belle entrée sur une grande langue de terre bien nommée « Courbe Basse ».

La **VUELTA-ABAJO** est large de 40 à 75 kilomètres et longue de 265 kilomètres. Sa population

était en 1907 de 240,372 habitants. Sa composition
géologique est un sol léger, rougeâtre, siliceux,
quartzeux, ferrugineux, ou graveleux, en plaines ;
et calcaire argileux aux endroits élevés. Sa partie
sud est composée de plaines aux ondulations légères ; sa partie nord compte près de 40 chaînons collineux dont les principaux, Guane, Cabras, Luis-
Lazo, Peña-Blanca, Guajaibon, Cacarajicaras,
Candelaria, établissent 2 sierras, Rosario, Organos,
constitutrices de la cordillera Guaniguanico. Dans
cette arête montueuse, ne dépassant pas 760 mètres,
sont les eaux sulfureuses de Viñales, de San-Diego,
à 33°, des grottes de captage, et les sources de
30 rivières atteignant jusqu'à 100 kilomètres,
comme la Cuyaguateje. Le littoral marin est parfois
très échancré, surtout dans les baies Guadiana, Arroyos, Bahia-Honda, Mariel, Colona, Cortes, Cor-
rientes, et assez régulier dans la **péninsule finale
Guanacahabibes**, qui est, durant 100 kilomètres,
marécageuse, peu praticable et habitable jusqu'au
cap San-Antonio. Le paysage offre des sillons de
tabac, des cultures fruitières, des savanes en palmiers variés, des séries de palmiers royaux, des
collines d'arbres moyens et assez grands d'exportation, des landes de pins, des prés nourriciers de
bétail, amoindri malheureusement pendant les dernières années insurrectionnelles, qui causèrent de
nombreuses morts, de tristes campements indigènes,
reconcentrados, des captures de trains, 14 combats
contre 30 généraux ennemis, retranchés derrière le
fossé inutile de la *Trocha*. Après, l'élevage de la
race bovine reprenait, avec des bêtes importées
d'Amérique ; l'exploitation du tabac triomphait,
produit par d'habiles propriétaires espagnols, et de

nouvelles entreprises, importants trusts anglais,
allemands et américains. En outre, des cultures
d'orangers, de coton, de textiles, étaient tentées par
des initiatives particulières, qui achetaient cher un
sol favorisé d'un climat humide et chaud de 25° à
33°. La population comporte nombre d'étrangers ;
l'élément indigène a un caractère doux, non sans
énergie ; il s'occupe peu de politique et de distractions, mais plutôt de travail. Toute leur campagne
a d'ailleurs pour armes un écusson où sont repré-
sentés : le tabac, des monts, une rivière, une carte
géographique. Enfin la province des « Pins de la
rivière », Pinar-del-Rio, a des terres jadis françaises, nommées encore Souchet, Charron,
Lemasne ; surfaces autrefois plantées de café,
cannes à sucre, orangers, de belles avenues de palmiers royaux, par de nombreux émigrés de Saint-
Domingue, éloignés en représailles d'un décret
napoléonien défendant la colonisation espagnole.
De vieux compatriotes, visités par Louis-Philippe
et l'amiral de Joinville, ont disparu ; à mon passage, un seul subsistait, Vendéen, vivant sur un sol
vigoureux en tabac, maïs, ananas, cannes à sucre
et beaux palmiers royaux qui poétisent le bourg de
3,831 âmes d'Artemisa.

De sa gare pimpante, un train part, avance
entre des cannes à sucre, des palmiers moyens ;
longe un chaînon collineux, broussailleux, aux
localités riantes de Candelaria et de San-Cristobal;
traverse des prés ravinés de cours d'eau entre des
bambous, des savanes de palmiers aux nuances
fanées ; rencontre des cultures de tabac, fruits,
légumes, aux localités de Palacios et Paso-Real ;

parcourt des terres vagues de palmiers à corps
ventru, corojos ou barrigonas, et de palmiers clairsemés ; laisse les localités de Consolacion-del-
Sur, Puerta-de-Golpe ; et franchit des ondulations
d'herbes rousses, des terrains clairs poussiéreux,
avec cases en chaume et palmiers royaux, plus en
nombre dans un cadre de petits monts lointains, à
un 177° kilomètre de la Havane, où est une gare de
grande localité.

PINAR-del-RIO, chef-lieu de la province, de
10,634 âmes, est le siège du gouvernement. Son
titulaire intérimaire, Mᶠ Urquiaga, ressemblant à
Gambetta, me montrait une ville en progrès, quoique avec des incommodités forcées : cherté d'éclairage électrique, de vie d'hôtel, de magasins a
articles grevés de frais de transport. A part cela, ce
sont de longues rues, une imposante bordée de
maisons commerciales et privées se haussant peu
à peu jusqu'à un square triangulaire. Les seuls édifices sont : une église à deux tourelles sur un sol
plat, et sur une colline une caserne occupée maintenant par un bureau des travaux publics. Par eux,
ce centre sera industriel, communiquant mieux
avec une campagne envoyant ses produits, et dont
les chevaux, durant les mois de récolte, sont tous
employés, si bien, que je ne pus partir qu'au bout
de deux jours, et par un cas fortuit.

Un vieillard portant le courrier, m'entraînait à
cheval vers l'Ouest, sur un plateau à végétation
rase, en un chemin creux entre haies bordant des
cultures, puis sur un terrain mouvementé, dont un
point altier, le pic de Cabras, et un profond, le val

de Cerro. A cet endroit, ma monture quitta son chef de file, m'emportant vivement, parmi des ornières calcaires, des sillons siliceux, sur un plateau avec des landes de pins, puis vers un gué entre des palmiers, à travers une culture de tabac à Mulo, un sol à petits chênes cessant à Cabezas. Là, sitôt une descente pour me fleurir, ma monture me quitta, emportant au galop mon appareil photographique ; une pente montante fit, par contre, bientôt arrêter cette ardeur ; les plaques étaient sauvées, grâce au sentier menant au **col de Sumidero**. Ayant joui d'une vue de plaine à palmiers, de chaînons et de piton en pain de sucre, je remontai en selle pour continuer ma marche sur des terres molles, descendre après la bodega d'Arenales, une gorge tortueuse joignant, après 12 heures et 40 kilomètres, un vieux fortin dans un entonnoir montueux uni par une brèche à un grand carrefour dont l'altitude est de 100 mètres, le diamètre, 8 kilomètres, et est désigné sous le nom suivant :

Le Cirque de Luis-Lazo est ceint de 10 sommets calcaires, sujets à des infiltrations d'eau. Le Mal-Paso est un cône à pic, au versant planté d'arbres variés et à base en beau bois de palmiers royaux ; le Cuevita est une borne verticale, gardant une brèche enserrant une rivière ; le Junco est un ballon très net, au milieu d'herbages ; le Francisco et le Ebano sont un effondrement de rocs et de verdure ; le Abujeriado est un versant cahoteux troué d'une grotte en niche ; les Sumidero-Resolladero sont deux versants distants de 250 mètres, et reliés par deux tunnels naturels, dont un, sculpté grossièrement, montre un escalier, plusieurs salles, une mare, un vestibule à roche bien taillée, et l'autre, finement sculpté, a des extrémités arquées à stalactites imitant des chiffons pendus, capte une **rivière, Cuyaguateje.** Le Quemado est une encoignure rocheuse avec arcade ; le Herreria est une falaise creusée de deux grottes ; et le Cuchillita est un massif très contourné dont un recoin, Ensenada de Bordallo, offre un tunnel captant un affluent du Cuyaguateje, plus deux grottes longues, la première à stalactites capricieux, à cadre dentelé uni par ouverture à un fond éclairé pavé de conglomérés, et la seconde, à stalactites convulsés, même en forme de griffe, suivis d'un fond orné de cascade pétrifiée, de facettes, d'un roc simulant une tête, précédant un souterrain étendu.

Ces collines ont comme principaux arbres : des dragos à corps tuberculeux, des almacigos à rameaux et écorce rouge vif, des manacas ou petits palmiers, des palmiers royaux parfois déviés de tige par des rocs s'avançant avec appendaison de cellules d'abeilles sauvages. A leur base, s'étend un sol plat modifié de nombreuses vagues terrestres, où sont des prés, des sillons de tabac, de maïs, de tubercules, des bananiers, manguiers, palmiers. Des cèdres et ceibas composent un bois. Sur cet espace, sont 15 propriétés louées les 13 hectares 1/2 de 1,000 à 2,500 francs à des cultivateurs occupant de un à trois ans les hameaux : Mal-Paso, Virgenes, Junco, Clara-Bohia, Resolladero, Quemado, Ensenada, Hato, San-Carlos, formant un village général Luis-Lazo, peuplé de 4,000 âmes.

Ce cirque est assez difficile à embrasser en entier, surtout quand on se trouve sur le sol même, qui disparaît entre des chemins souvent creux ; des communications heureusement très nombreuses mènent dans toutes les directions. Leur emploi me fut aidé par un guide, cavalier entendu, réalisant au mieux le type du mousquetaire : grandes bottes, bon maintien, moustache relevée, et énorme chapeau. Le docteur Valdès-Brito est en outre d'un grand dévouement pour ses nombreux malades, autant d'amis qui lui procurent de bons honoraires. Les campagnards cubains n'hésitent pas à payer de 25 à 100 francs la moindre visite médicale, 500 francs un accouchement, si bien qu'un médecin peut gagner par an de 16 à 20,000 francs. Cela me permit d'être reçu dans un gracieux home. Une habitation charmante était aussi celle d'un représentant d'alcalde pinceur de guitare. Mais je devais quitter ce séjour poétique pour un prosaïque trajet à pied, le seul qui s'offrait vers des parages Sud-Est difficiles.

C'étaient : une longue montée sur un sol mou, une gorge tortueuse embroussaillée, des lits pierreux, à sec, un contour de colline touffue, Ratones, un ravin saisissant où coulait un ruisseau, Beraco, des cimes agréables plantées de palmiers et de pins au gracieux panache. La traversée d'un dizième ruisseau creusé en abîme achevait des parages nommés Realengo. Puis plusieurs soubresauts brefs de mamelons ronds, et des mouvements mous de collines à champs de tabac, composaient les parages de Cansavaca et Lagunilla. Alors, une vue magistrale s'étendait sur d'immenses espaces de palmiers, dont on ne voyait que les troncs clairs, et des cultures de tabac reconnaissables par leurs abris en tissu qui semblaient des traînées blanches de glaciers. Ensuite, la vue se bornait entre de petites ondulations à touffes basses, dans la traversée d'une rivière, sur une plaine poudreuse. Cette marche de 20 kilomètres fut faite en 6 heures.

San-Juan est en voie prospère tant dans un quartier secondaire à maisons de chaume, qu'en une rue principale à maisons de pierres, bien achalandées, une mairie bien construite, et une église qui était ornée pour la réception de l'évêque. Ce bourg, qui avait diminué lors des années d'insurrection, arrive aujourd'hui à 2,486 âmes. Les environs sont habités par certains étrangers, qui y dirigent de belles exploitations de tabac qui croît sur de larges ondulations que suit un plateau siliceux avec landes ; après 12 kilomètres, vient encore un bourg particulier.

San-Luis a gardé son caractère ancien, avec ses maisons basses à vérandas, une rue spacieuse au sol brut et pierres affleurantes. A mon passage, une fête y avait lieu : une violente explosion de pétards, une vision de cavaliers montés sur des petits chevaux, et des fillettes en toilette, porteuses de bannières devant un évêque qui n'avait guère que la taille d'un enfant. Cette procession lilliputienne gravissait une terrasse d'église trappue, à carillon, au son de casserole fêlée. Ce bruit fou avait lieu dans le clocher coiffé en calotte et annonçait une solennelle réception épiscopale. Après la cérémonie religieuse suivait un dîner de notables locaux, dans un restaurant chinois, élément étranger se trouvant dans cette localité de 1,533 âmes. Bien d'autres étrangers vivent sur des plantations de tabac, dont les plus grandes sont à une lieue de distance

Ce point, nommé Rio-Seco, compte aussi une

bodega en jolie palmeraie ; puis viennent des ondulations terrestres, avec palmiers espacés au hameau
de Trenca ; une plaine découverte au hameau de
Rio-Feo ; un ruisseau de ce nom ravine des mamelons accusés. Ces parages de la ferme Golberg
sont suivis par des tranchées dans la verdure, puis
dans le sable rouge, qui existent jusqu'à Palo-
Quemado ; après quoi, des pistes sillonnent une
grande avenue dénudée. Au bout de 25 kilomètres,
réapparaît Pinar-del-Rio.

La visite provinciale ne s'arrête pas là ; il faut
se porter encore sur un littoral marin, remarquable
par des localités en progrès : de 1,592 âmes, Mariel,
près d'une baie profonde ; de 1,263 âmes, **Bahia-
Honda, station navale américaine** ; de 1,425 âmes,
Viñales, situé dans une vallée fertile; de 1,036 âmes,
Arroyos ; et Colona ; enfin des points intérieurs,
qui vont s'améliorer, par l'établissement de lignes
ferrées. Le manque de ces voies n'a pas nui cependant à d'autres lieux producteurs du **plus fameux
tabac du monde.**

Guane et Rematès donnent le plus de feuilles
pour cigares et cigarettes. San-Juan et San-Luis
livrent les meilleures et plus fines pour cigares.
Pinar-del-Rio livre aussi de bonnes feuilles pour
cigares. Toutes ces localités fournissent un tabac
généralement foncé, raisonnablement nicotineux,
aromatique, fin, provenant des causes suivantes :
un **sol** de 30 pour cent d'humus, 20 à 30 pour cent
de silice, 15 pour cent de calcaire, 15 à 25 pour cent
d'argile légèrement ferrugineuse, et 25 à 30 pour
cent de quartz. Les parties les plus nécessaires sont

l'humus et la silice, mais ne produisent un bon terrain qu'unies aux autres matières. Ce sol meuble, souvent rouge, est dans une atmosphère de 25° et une humidité presque absolue de 90° régnant d'octobre à décembre, mois de semis en pépinière.

Voici comment se pratique la **plantation** :
Après le repiquage, les pieds pris ont leurs espaces intermédiaires nettoyés, irrigués. Ceux-ci le sont plus ou moins, ne nécessitant au bout de deux mois qu'un nettoyage hebdomadaire. Ensuite la plante, devenue vivace, n'a à redouter que les insectes : *cachazudo*, *mantequilla*, *jorra*, *cogollero*, *hormiguilla*, *pulgon*, etc. Ces animaux sont à peu près détruits par des acides, une poudre verte, green Parish, et depuis dix ans, éloignés par un abri-tissu. On n'emploie ce dernier remède que pour les plantations étendues, pouvant indemniser des frais annuels de 40,000 francs pour une couverture de 13 hectares 1/2. Cette dépense est compréhensible, l'abri-tissu étant en mousseline semblable à celle recouvrant le fromage blanc, cause du nom de « cheese-cloth ». De plus, cette gaze est importée, appliquée contre de nombreux poteaux verticaux, et poutrelles horizontales. Un montage, qui dure un mois, est suivi, après la culture, d'un démontage, de réparations, si on a la chance de ne pas retirer des lambeaux utilisés par les pauvres. Un tel enclos, à clarté tamisée, à tiédeur continue, à air sans vent, et permettant mieux les soins, favorise des végétaux offrant des tiges de 2^m,20 à 2^m,30, des feuilles larges et longues de 35 à 70 centimètres. En un mot, la culture abritée rend 80 pour cent de grandes feuilles, tandis que la culture à

air libre en rend 80 pour cent de petites. L'un et l'autre système produisent des feuilles ne pouvant sur pied indiquer l'utilisation qu'on en pourra faire, mais à peu près la teneur en nicotine par une altération de couleur preuve de maturité, et de petites boursoufflures, preuves d'excès de maturité à éviter.

Alors vient la **récolte**.

La plante ne reste en terre que de 60 à 90 jours ; elle est écimée, ne laissant plus que 12 feuilles. Pour la première récolte, on coupe par morceaux jusqu'au sol la tige du tabac le meilleur. Deux à cinq rejetons-tiges sont développés au bout de 40 jours. A la seconde récolte, on coupe une végétation copieuse de tabac encore bon. Première récolte de 12 *grandes feuilles-capas*, et seconde récolte de nombreuses *moins grandes feuilles-tripas*, sont ramassées de deux façons. Dans la culture à air libre, les feuilles sont emportées par paires sur une *perche de bois sans nœuds cuje ;* et dans la culture abritée, elles le sont les unes sur les autres sur un *brancard de toile camilla.* Chaque appareil est acheminé par deux ouvriers vers une importante opération :

Le **séchage** comprend environ, pour chaque étendue de 13 hectares 1/2, deux constructions pratiquement et scientifiquement établies. Une « casa de tabaco » est une solide cabane à ouvertures en volets tombants, et au grand toit de palmes épaisses. L'intérieur, dont aucun point n'est inoccupé, offre des passages coupés à angles droits, bordant *quatre blocs aposentos* comptant, jusqu'à l'angle de la toiture, *maints étages barraderas* de 34 perches, cujes. Tant de pièces de bois parviennent au total approximatif de 1,000 ; chacune portant d'ordinaire 200 paires de feuilles, et toutes, 200,000 paires, soit 400,000 feuilles pendues comme des oripeaux. Tous ces végétaux, sans mine, voués à un grand avenir, sont séchés durant environ 40 jours. Les éléments nouvellement arrivés, de couleur verte, supportent tout air, même froid, tandis que ceux venus plus anciennement, de forme recroquevillée, sont plus fragiles et doivent être réunis très serrés. Chaque groupe de végétaux également secs est assoupli à l'air chaud entrant convenablement par une ouverture modérée des fenêtres. S'il faut de grandes précautions pour obtenir un célèbre tabac, il en faut d'aussi grandes pour que ce même tabac se répète en quantité de pieds.

Voici à peu près le coût d'une exploitation de bonne importance.

Créer cette entreprise, ou « vega », exige un assez grand capitaliste qui doit faire beaucoup :

Construire une maison de........	7,000 francs.
Choisir un sol à entourer d'une clôture de.....................	3,700 —
Acquérir au prix moyen de 7,500 francs les 13 hectares 1/2, 40 hectares coûtant...........	22,500 —
Répartis normalement en 33 hectares de sol ordinaire, employé à des cultures utiles et prés d'animaux, et, seulement 7 hectares de sol supérieur employé pour le tabac.	
Ce dernier sol réclame une fois pour toutes :	
2 chevaux.....................	1,000 —

8 paires de bœufs..............	5,200	francs.
8 charrues indigènes.............	350	—
8 — américaines..........	600	—
11 jougs......................	300	—
2 charrettes et 1 tombereau......	1,500	—
1 remise-servitude..............	500	—
1 puits......................	4,000	—
1 machine-chaudière, réservoir, pompe......................	10,000	—
4 kilomètres de tuyaux d'arrosage......................	25,000	—
12,000 perches de bois..........	3,600	—
3 maisons de séchage..........	15,000	—
10 bohios logements d'ouvriers...	3,500	—

Chaque année, il faut payer :

Un impôt à l'Etat..............	150	—
600,000 plants à 1 peso 50 le mille......................	4,500	—
Le combustible de la machine à irriguer....................	1,500	—
Un mécanicien..................	2,700	—
Le salaire d'un cuisinier........	1,800	—
— d'un domestique......	900	—
La vie personnelle..............	4,200	—
Une classification de récolte fixant le prix à faire à l'acheteur......	12,500	—

132,000 francs.

Aucun salaire n'est donné au fermier préparant, entretenant et récoltant une plantation soignée, 2,000 pieds par ouvrier et 600,000 pieds par 30 ouvriers. Pour les payer, le fermier n'y arriverait pas, avec une avance annuelle de 1,200 francs, étant donné qu'il faut en outre 2,250 francs pour la mi-achat de plants, et 10,000 francs d'engrais, bouse de vache, qui hâte la culture à aboutir en 40 jours ; mais il est indemnisé par la moitié d'une récolte de

275 balles. Chacune de 46 kilos [1] rend 250 francs ; toutes rendent 68,750 francs pour un capital inverti de 176,200 francs, ou au maximum, avec tous les imprévus, 250,000 francs rapportant 27 1/2 pour cent.

Ce revenu est obtenu à la fin de la seconde année, délai réductible à 15 mois, si on arrive de janvier à mars, qu'on plante en octobre, et qu'on récolte de décembre à mai. Une aussi prompte réalisation permet d'amortir la grosse valeur d'une propriété devenant prospère. Celle-ci est due aussi au fermier s'étant pourvu de subsides à des bodegas prêtant à intérêt de 25 pour cent. Néanmoins, le métayage *partidario* n'accapare pas les **120 exploitations** de tabac de l'Ouest cubain, dont plusieurs sont montées au mieux, surtout une :

Celle-ci nous montre un sévère maître espagnol accoutumé aux mœurs américaines travailleuses, et tenant scientifiquement une propriété près de San-Luis, en un point nommé *Guginacabo*. 81 hectares y sont cultivés avec les derniers perfectionnements ; 40 paires de bœufs et 10 mules font un labour incessant et rapide ; 50 ouvriers sont employés pour nombre d'opérations annuelles : irrigation que facilite l'arrivée ponctuelle par heure de 100 pipes de 150,000 litres d'eau d'étang, montage laborieux de tissu couvrant 17 champs sous voiles, coûtant par an 100,000 francs, donnant une prompte récolte qui n'exige, pour surface entière, pas moins de 180 hommes et 100 femmes enfilant à l'aiguille, sur des *bâtonnets-cujilos* des feuilles emplissant 14 mai-

1. Cette mesure correspond à l'unité de poids cubaine : le *quintal*.

sons de séchage. Ces dernières achèvent de montrer qu'annuellement 13 hectares 1/2 nécessitent 100,000 francs, et les 81 hectares 500,000 francs. De tels frais exigent une grande surveillance, exercée d'une maison haute sur pilotis. Ainsi, en 15 ans, le propriétaire parvient à une production annuelle de 2,000 balles de *vega* supérieure, continuée par une excellente fabrique.

Après l'exploitation espagnole *Calixto-Lopez*, viennent d'autres espagnoles encore très bonnes : à San-Luis : *Padron, Santiago, Retiro ;* à San-Juan : *Higuera, Perez, Jibaro, Baron, Santa-Damiana* et *San-Sebastian ;* à Pinar-del-Rio : *Ibiricu, Ferro, Arias.* Puis, apparaissent des exploitations américaines : à San-Juan : *Rio-Seco, Vivero,* jolie installation sur 27 hectares valant 400,000 fr. ; à San-Luis : *Corojo, Cuchillas-Melians, Atoquia, Teresita, Joaquina, Barbacoa, Tarabico, Fortresa,* et *Cocos.* La dernière série de San-Luis dépend d'une société londonienne, « Henry Clay and Bock C° », tenant encore beaucoup d'étendues à Remates, où sont diverses autres sociétés exploitantes new-yorkaises : « Havana Commercial » et « Cuban Land and Leaf ».

Les Américains, libérateurs des Cubains, achetaient un bon prix même des terres demi-bonnes, grassement payées, pour 13 hectares 1/2, de 2,000 à 70,000 francs. Ces propriétés sont régies par 4 agents bien payés par 2 pour cent sur les ventes, ce qui leur donne 150,000 francs l'an. Un de ces heureux, aimablement hospitalier, me résumait ainsi toute la question tabac :

La plantation demande peu d'eau ; surtout, si le sol est sablonneux, de la poudre insecticide ; point d'abri-tissu évitable parce qu'à peu près toutes les récoltes devancent janvier, février, mars, époque de vent et de soleil. Ces deux obstacles sont, il est vrai, écartés dans les champs à pieds serrés à 10 pouces, rendant la production très fine.

Le **meilleur tabac** vient de *Corojo* et *Retiro*, en San-Luis, et de *Rio-Seco* et *San-Sebastian*, en San-Juan ; un très bon aussi vient d'auprès Pinar-del-Rio et de Luis-Lazo. La zone cultivée idéale s'étend entre Remates et Candelaria ; c'est la *Vuelta-Abajo*, qui donne un article plutôt foncé, nicotineux, plein d'arôme et très goûté des indigènes. Une autre zone cultivée excellente comprend Artemisa, Alquizar, San-Antonio jusqu'à la Havane ; c'est la *Partido* qui donne un article intéressant, plutôt clair, très nicotineux, élastique, utilisé aisément pour capas de cigares, et apprécié par les étrangers. Puis, viennent deux zones cultivées assez réputées : *las Villas* avec Cienfuegos, Sagua, Santa-Clara, Sancti-Spiritus, Trinidad, et surtout Camajuani, Placetas, vallée de Manicaragua ; enfin la *Vuelta-Arriba*, avec Manzanillo, Yara, Guissa vers Santiago.

A mon passage, la Vuelta-Arriba produisait 697,636 kilos ; las Villas : 9 millions 130,844 ; la Partido : 2 millions 34,626 ; la Vuelta-Abajo : 14 millions 54,932 ; soit un total de 25 millions 918,038 kilos. La moitié était prise par les Etats-Unis et le reste par Cuba, qui faisait pour lui 200 millions de paquets de cigarettes et 215 millions de cigares, et 11 millions de paquets de cigarettes et 227 millions de cigares pour l'Angleterre, les Etats-Unis et l'Allemagne, consommation locale et exportation valant environ 217 millions 665,334 francs.

Aussi comprend-on la vie intense trouvée dans les plantations et séchoirs, ainsi que dans les maisons d'empaquetage. Les feuilles séchées, au nombre de 30 à 50, font une *gavilla* ; 4 gavillas font un *manojo* ; et 320 manojos font un *tercio*. Cette balle d'environ 12,000 feuilles, pesant 36 à 50 kilos, se loge, jusque par 10,000, en magasin, « almacen en rama ». Environ 38 de ceux-ci, situés à la Havane, servent de lieu de repos à toutes ces feuilles : les unes à petite vie supportant un séjour d'un an au plus ; les autres à grande vie, un séjour de 2 à 3 ans; et les plus nicotineuses, bien davantage encore. Les feuilles fraîches sont aérées chaque quinzaine, après trois mois moins souvent, jusqu'à l'envoi aux usines.

Les fabriques sont de deux sortes. Dans les modestes localités, de petites tabaquerias emploient des feuilles prêtes, pour faire par jour de 900 à 5,000 cigares, et 160,000 cigarettes. Ces petites usines résonnent des chants *Roca, Guaracha, Dorila, Punto Cubano*. Leurs cigares sont empaquetés parfois dans des gousses de maïs, vendues par des marchands campagnards. Dans les villes de banlieue, et à la Havane qui comptait à mon passage **22 usines de cigares et 4 de cigarettes**, se trouvent de grandes fabriques d'une activité infernale, d'une fermeture de prison, mais d'ordinaire bien bâties comprenant : un rez-de-chaussée, entrepôt et cour de lavage des masses végétales à traiter ; un premier à salles de dessiccation, fermentation, d'apprêt des feuilles ; un second où sont les salles de roulage, classement, emboîtage, toutes opérations nécessaires pour le tabac.

Après un jour à peine de décollement des balles, a lieu une épreuve de début importante. Le « mouillage » ne se fait pas par une simple immersion dans l'eau qui doit être dosée suivant le degré d'absorption des feuilles. Celles-ci, rangées par aspect, reçoivent, par poignée manojo, une humection commençant par la base et descendant sur le reste par secousse. Environ 8 secousses répartissent 20 à 30 pour cent d'eau devant bien immerger les grandes feuilles, et bien être distribuée aux petites feuilles.

Les *grandes feuilles-capas* restent un ou deux jours en coffres. Les *petites feuilles-tripas*, plus fragiles, ne pourrissent pas, étant étendues de 1 à 3 jours sur des étagères-séchoirs ; puis les espèces légères et corsées sont mises de 2 à 5 semaines en barils perforés, absorbant une chaleur de 25° à 30° et une humidité de 70 à 80 pour cent. Cette chaleur et cette humidité ont été vainement essayées par l'industrie européenne. Une maturation attardée peu ou prou par le degré de nicotine ne s'obtient bien qu'en climat havanais, dont les microbes décomposent partiellement les produits nicotineux en produits ammoniacaux volatils. Ce résultat est aidé aussi par l'introduction intentionnelle en baril d'une même cueillette, ou corsée, ou légère, ou aromatique, ou courante. Des barils de diverses cueillettes sont habilement mêlés, donnant un produit fort, ou fin, ou de bonne espèce, ou ordinaire. Une bonne maturation et combinaison végétales assurent la perfection des cigares.préparés comme suit :

De malles en bois sont retirées des *petites feuilles-tripas* mises sur de petites cuves de manipulation. Chacune de ces dernières reçoit par jour près de dix *manojos* ou poignées, d'environ 1,400 petites feuilles partagées en 2,800 petites 1/2 feuilles ; et 280,000 petites 1/2 feuilles rentrent dans 100 petites cuves. Les meilleures tripas sont tachées de jaune ; toutes sont traitées par de très actives ouvrières nommées « despalilladoras ».

D'autres malles en bois, sont retirées des *grandes feuilles-capas* mises sur de larges cuves de manipulation. Chacune de ces dernières reçoit par jour près de neuf *manojos* ou poignées, d'environ 1,000 grandes feuilles partagées en 2,000 grandes 1/2 feuilles ; et 16,000 grandes 1/2 feuilles rentrent dans 8 larges cuves. Les moins bonnes capas sont nuancées jaune terreux ; toutes sont traitées par des ouvriers nommés « resagadores » s'occupant de leur répartition en 4 compartiments consacrés à : forme, taille, finesse, couleur foncée ou claire. Suivant les besoins, ces compartiments s'allègent de paquets chacun de 25 grandes 1/2 feuilles, qui pourvoient des postes de travail.

Le « roulage » est une opération maîtresse, difficile à mener ; c'est le fruit de longs mois de pratique employés à ouvrir des *demi-tripas,* et à les grouper sur une *demi-capa* régularisée par tailloire et n'ayant plus qu'à être roulée. C'est, selon l'article, en moyenne de 4 à 15 minutes de tours et retours de main savants. Il est bien d'user de la main correspondante au côté de la *demi-feuille* employé, pour obliger les nervures de la *capa* à suivre la ligne directrice du cigare. On commence à rouler la *capa* par la pointe de feuille à brûler, et on continue par le milieu de la feuille dont les nervures sont dirigées dans le sens de la longueur du cigare. Les *demi-tripas*, prises assez sèches, sont de plus en plus pressées en *demi-capa* non brisante, moite, et suprêmement élastique, au moment où elle est fixée par une sorte de gomme arabique. Tout ce massage a lieu sur une tablette de chêne américain, en cubes maintenus plans par deux tiges de fer. Chaque tablette sert à confectionner par jour environ 75 cigares communs, ou 25 meilleurs ; ainsi, 40,000 cigares sont produits par 450 tablettes. Ces imitations de pupitres sont dominés par une haute chaise où un lecteur fait connaître les nouvelles politiques, de l'histoire, de la littérature espagnole, Zola, Balzac, Voltaire. Tout en écoutant ces lectures, d'adroits ouvriers, nommés « torcedores », travaillent ; ils quittent ensuite toutes leurs places, où quantité de cinquantaines de cigares créent des paquets nommés *roues*, enlevés par des employés spéciaux joignant le chef d'atelier. Cet homme examine le travail, qu'il accepte ou refuse, assurant une industrie bonne, bien présentée grâce à des artistes expérimentés de 4 à 5 ans, nommés « escojedores », qui jugent vite l'état de tout cigare, et le placent. Un parfait classement est aidé par une invention perfectionnée.

C'est une longue table de bois, de teinte rendue neutre par un châssis de bois incliné, vêtu de moleskine antiréfléchissante. Cet appareil, discrètement éclairé et bien situé, met en relief les divers aspects des cigares, mis en nombreux tas, semblant créer de la confusion, à cause du manque d'espace. Ce peu d'étendue pourrait se résumer en deux divisions : côté droit à ton mat, et côté gauche à ton brillant ; mais chacun de ces côtés est rayé de lignes verticales portant les 6 couleurs : *clair, coloré clair, coloré, coloré brun, brun, obscur,* et de 7 lignes horizontales portant les nuances : *jaune, jaune vert, vert rouge, rouge, brun vert, brun rouge, brun foncé.* Lignes de couleurs et lignes de nuances forment entre elles des intersections composant des zones afférentes à diverses nations. Comme exemples les plus connus : couleur obscure avec *nuance brun foncé,* ou *brun rouge,* ou *brun vert,* ou *rouge,* séduit : Cuba, l'Amérique du Sud et l'Espagne ; couleurs brun, coloré brun, coloré, coloré clair, clair avec *nuances vert, jaune vert, jaune,* séduisent : les Etats-Unis, l'Angleterre, l'Allemagne ; couleurs coloré, coloré clair, clair, avec *nuance brun jaune,* séduisent la France. Couleurs et nuances suscitent maintes combinaisons sur « la table de escogida ». Celle-ci, accompagnée de plusieurs autres, classe aussi les cigares en 4 natures : *seco, jugoso, pajiso, brillo ;* en 60 dimensions, jusqu'à 25 centimètres qu'ont *les massues d'Hercule ;* en 60 formes, y compris le bout rond et plat, *Corona,* sans compter les nouveautés naissant chaque jour, au point que cela dépasse 200 variétés.

Tous ces cigares sont mis par 5, 10, surtout par 25, 50, en « boîtes ». Environ 11 scieries fournissent du bois de cèdre léger composant de petites caisses, ou des grandes, *cabinets,* envoyés en Angleterre, tandis que des meubles clos gardant l'humidité, *humidores,* sont préférés des Etats-Unis. Ce parfait emboîtage n'empêche néanmoins pas l'invasion, après 6 mois, d'une *larve* trouant les cigares ; ceux-ci apparaissent pourtant superbes, ornés de bagues de papier à médaillon, couverts de papier à marque de fabrique, sans ou avec vue de manufacture ou d'allégorie. L'intérieur de la couverture de la boîte porte un sujet fantaisiste *bofeton*. Autant de chromos sortent de 6 lithographies, en concurrence telle, qu'elles cèdent des étiquettes rouge et or, à 4 francs le mille, et en dix et douze nuances à 100 et 120 francs le mille.

Un revenu meilleur de 6 à 8 pour cent paie la fabrication du tabac.

Voici à peu près le coût d'une fabrique :
Certes elle subit bien des ouvriers payés aux pièces. De nombreuses femmes « despalilladoras de tripas » gagnent par jour 3 fr. 25 ; et de moins nombreux hommes « torcedores de capas » gagnent par jour 10 à 25 francs. Aux derniers, les cigares rapportent au mille 6 pesos argent (24 fr.) ; et en moins de deux semaines, ils rapportent de 50 pesos (200 francs) à 120 pesos (480 francs), total variant d'après les valeurs des articles. Les salaires se règlent bi-hebdomadairement aux hommes et hebdomadairement aux femmes ; les plus fortes paies se comptent mensuellement aux grands ouvriers « classeurs escojedores » et directeurs d'hommes ou de femmes », gagnant 136 pesos or (680 francs) et nourriture. En outre, est donné par jour à chaque ouvrier, 10 cigares ; à environ 300 ouvriers, 3,000 cigares ; ainsi règne une perte quotidienne de 400 francs, et annuelle de 120,000 francs. Nulle retraite ouvrière à servir, mais une grande main-d'œuvre coûtant par an un million de francs. Suivent les frais d'emboîtage à la douzaine de 75

à 150 centavos, d'achat de balles atteignant chaque jusqu'à 5,000 francs, une perte de 2 à 20 pour cent des feuilles irrégulières et à déclasser. De sorte que 14 balles de tripas et 2 balles de capas s'emploient pour produire par jour 50,000 cigares de 20 centimes à 7 fr. 50 et 10 francs, se grossissant par semaine aux jours d'expédition : jeudi, vendredi et samedi, à environ 300,000. Cela fait annuellement une affaire brute de 3 millions de francs et une nette de 250,000 francs. Encore ce modeste résultat d'usine courante s'obtient par une vive surveillance du travail et une comptabilité parfaite. Ces précautions assurent une manipulation réussie de feuilles valant chacune jusqu'à 25 centimes, et un paiement au plus juste du personnel. Ce dernier porte des numéros ; mais certains de ces numéros personnifient des ouvrières souvent jolies, surtout au faubourg havanais Jesus-del-Monte, doté d'une usine modèle.

Cette fabrique de cigarettes a des machines américaines, bonnes travailleuses journalières, une hachant des tripas, 31 faisant chacune 70,000 cigarettes, et 24 faisant chacune 120,000 cigarettes. Par jour aussi, des ouvriers mettent plus de 3,000 cigarettes en galettes ou 200 paquets ; et des ouvrières mettent près de 4,000 cigarettes en 150 paquets, ou forment 5,000 boîtes. Les articles prêts et timbrés de l'Etat s'en vont par toile mouvante vers des caisses contenant 50, 76 et 533 roues, de 1,300, 1,976 et 20,000 paquets en 10 à 12 sortes de cigarettes faites en papier : *riz, pectoral, brea, trigo, chorrito, alquitran, algodon,* et un *commun* populaire à Cuba, dans l'Amérique du Sud, en Espagne, et jadis en

France. A part l'usine Henry Clay, on trouve celles de Legitimidad, Rey del Mundo, une autre montée de machines américaines et françaises, confectionnant aussi des cigares avec des feuilles venant non foulées, en caisses, des champs de tabac même, originalité du maître Calixto Lopez.

D'ailleurs, l'amour-propre anime les **fabriques de cigares havanaises**, dont les principales sont par ordre alphabétique : Aguila de Oro, Cabañas, Corona, Espanola, Flor de Naves, Gener, Imperial, Intimidad, Partagas, Prominente, etc. ; toutes convaincues d'être chacune la meilleure, lançant des marques concurrentes, jusqu'à près de 200 en certains établissements.

Les plus connues sont : *Bock y Cia, Española, Cabañas, Castañeda, Corona, Estrella, Don Quixote, Rosa de Santiago, Eden, Flor de Lopez, Escepcion de José Gener, Flor de tabaco ou Partagas, Por Larrañaga, Punch, Roméo et Juliette, Upmann,* etc., autant d'étiquettes ronflantes de fabriques unies en **syndicats**.

A mon passage en 1904,
14 *fabriques* constituaient :
le *syndicat anglais* HENRY CLAY AND BOCK Cᵒ, qui était fortifié par :
3 *autres syndicats :* SUAREZ MURIAZ Cia, L. CABANAS Y CARVAJAL Cia, HAVANA COMMERCIAL Cᵒ.

D'eux naissait :
Le *syndicat général* HAVANA CIGAR Cᵒ, qui, combiné avec la HAVANA TABACO AND CIGAR Cᵒ, chargée de cigarettes et paquets, et la CUBAN LAND AND

Leaf C°, chargée d'achats de terres ou de feuilles, composait :

Le *trust* Havana tabaco C°. Ce trust, acheteur de
tabacs manufacturés, était une affaire américaine de 50 millions de dollars (260 millions de
francs), fortifié par :
5 autres trusts américains :
1° Le Havana America of Tampa and Keywest C°,
régissant 12 fabriques travaillant les tabacs cubains en Floride ;
2° L'American tabaco C°, englobant toutes les
fabriques de tabacs à fumer, à mâcher et à
cigarettes des Etats-Unis ;
3° L'United Stores C°, monopolisant la vente au
détail de toutes sortes de tabacs aux Etats-
Unis ;
4° L'Imperial C°, monopolisant la fabrication et la
vente des produits anglais ;
5° Un dernier projeté, devant s'occuper de cigares
allemands et de cigarettes égyptiennes.

Ces 6 trusts établissaient :

Le grand trust général
**THE CONSOLIDATED COMPANY
OF TABACO OF NEW-YORK**

suprême organisation de 280 millions de dollars, ou
1 milliard 456 millions de francs, susceptibles d'être
poussés au capital final de 500 millions de dollars,
ou **2 milliards 600 millions de francs ! ! !**
Cette toute-puissance financière était le résultat
d'énergies ayant su se grouper. Admirable initiative américaine donnant un essor fécond à sa patrie

et à son voisinage, comme Cuba qui avait en tabac en 1904 : une production de 25 millions 918,038 kilos, une exportation valant 129 millions 779,941 francs, et en 1907 : une production de 50 millions 140,000 kilos, une exportation valant 150 millions 350,200 francs.

CHAPITRE CINQUIÈME

En continuant à travers la campagne cubaine, on remarque une autre grande entreprise : l'industrie de la canne à sucre.

En bien des endroits, d'immenses champs de roseaux, de taille moyenne et du vert le plus tendre, sont coupés de chemins défoncés où des charrettes, attelées de plusieurs bœufs, transportent les récoltes, soit à des voies ferrées, soit directement à de vastes constructions composant une fabrique.

Les premières usines furent fondées en 1776. En 1877, on en comptait 473. Après les insurrections, ce chiffre tomba à 168 usines et se montait en 1907 à 186 exploitées. Les plus grandes sont nommées « centrales ». On en compte environ 18 qui produisent par an plus de 100,000 sacs de 150 kilos. La plus importante arrive à traiter 250, 000 sacs. L'ensemble des usines a produit en

1906 1 million 500,000 tonnes anglaises valant à peu près 280 millions 800,000 francs, chiffre qui n'avait jamais été atteint jusqu'alors. En 1907, la production parvint au total plus normal de 1 million 165,211 tonnes anglaises, soit environ 1 milliard 305 millions de kilos, valant à peu près 219 millions de francs, absorbée presque entièrement par les Etats-Unis.

Cette superbe exportation, comprise dans le rendement du sucre pour le monde entier, arrivant à 4 millions 118,000 tonnes anglaises, ne paralyse pas d'autres belles exportations :

Java............ 900,000 tonnes anglaises.
Chine et Inde.... 850,000   —
Iles Hawaï...... 400,000   —

Le grand avenir de cette dernière contrée a déterminé les Américains à dépenser dernièrement un demi-milliard de francs, ce qui a poussé d'autres Américains, des Espagnols, des Français, et des Cubains, à débourser une même somme pour que Cuba garde la priorité sucrière. Ces subsides sont en train de relever 483 propriétés ruinées par les insurrections ; 574 domaines ont été dénombrés au recensement de 1900. Maintenant la prospérité s'accroît dans l'île grâce à des conditions spéciales qui méritent d'être étudiées.

Le sol est le plus ordinairement composé d'un humus merveilleux, d'une couleur noire, ou souvent rouge ; la couche en est profonde et repose sur des bases variées : argile mélangé de fer, sable, ou argile s'unissant en proportion de 40 pour cent. Cette dernière composition est la plus parfaite ; sans engrais, mais dans de bonnes conditions climatériques, elle donne pendant six, dix, et même vingt ans, des végétations fort belles.

Le défrichement se pratique de deux façons : on incendie simplement la brousse ; ou bien on rase les régions boisées, les arbres sciés au pied laissant leurs racines dans le sol.

Après décembre, les champs sont préparés avec soin et travaillés à trois reprises différentes avec un intervalle d'un mois. Par un temps humide, puis par un temps sec, se répartissent deux labours et un hersage. Ensuite on creuse les sillons, profonds de 25 centimètres et longs de 30.

La plantation est exécutée au printemps, époque la plus propice. Elle est effectuée autant que possible, avec des boutures tendres de cannes neuves, petites, presque mûres, de préférence d'une couleur vert clair jaune, d'une taille de 40 centimètres à 50, portant 5 ou 4 yeux, ou moins, ce qui est meilleur pour la poussée de sève. On couche côte à côte une, deux, ou trois boutures, avec interstices de 40 centimètres ou 50 ; et la terre est vite couverte d'herbes. Le premier mois, on exécute un sarclage méticuleux jusqu'à ce que les pieds s'élèvent à 20 centimètres ; alors ils sont saufs. Durant quatre mois on nettoie le champ, puis on laboure entre les pieds devenus cannes, et on remplace les manquants. On fait aussi une plantation en automne, époque moins favorable.

Les plants de printemps et d'automne produisent chacun, au premier essor, 5 cannes ; et, chaque année suivante :

30 cannes pendant 20 ans en sol supérieur.
10   »   »   10 ans   »   moyen.
4   »   »   3 ans   »   ordinaire.

Cette diminution de fécondité doit être suivie d'un repos de cinq ans pour la terre, laps de temps nullement préjudiciable à la production, étant donné les nombreux terrains de réserve intercalés dans les domaines. La canne suffisamment sucrière est vert clair jaune, nommée *cristalline*, noueuse espacée, assez tendre, grande et lourde. La canne abondamment sucrière est rouge, nommée *morada*, noueuse rapprochée, assez dure, petite et légère. La première atteint 3 mètres et 12 ou même 18 livres ; la seconde, plus d'un mètre cinquante, et 4, 6, jusqu'à 10 livres. Les deux se partagent les régions cubaines. Une troisième espèce rouge, nommée *rubia*, très noueuse, dure, petite, trop exploitée en masse sur plusieurs points du centre, se relève d'un piètre rendement, en employant du fumier, et une nouvelle méthode d'espacement des pieds, à 2 mètres, due au docteur Francisco Zayas.

Pour 13 hectares 1/2, l'ancien système donne 600 charrettes de 750,000 kilos ; et le nouveau, 1,000 de 1,150,000 kilos.

Ces cannes diverses parviennent à former des bouquets de 30 pousses, hauts de 4^m,50, arrivant en mai ou janvier, après douze ou quatorze mois, à se colorer d'une teinte pas encore rosée, et à ériger des plumets qui annoncent la maturité.

La **récolte**, ou *zafra*, est cueillie par de nombreux travailleurs, usant de sabres trempés à Birmingham. Les cannes sont coupées en tronçons d'un mètre, qui sont mis en tas, puis rangés sur charrettes à bœufs, ou à mules, chargées d'environ 5,000 kilos, qui vont se déverser dans des wagons contenant de 9,000 à 15,000 kilos, s'acheminant, par voie publique ou privée longue de 30 à 100 kilomètres, vers un abri à plancher mobile, formant plateau de la balance Fairbanks. Près de ce point, un wagonnet ou *carrito* à traction animale, amène les chefs d'industrie à une fabrique, dénommée « ingenio », c'est-à-dire *machine*, mot qui dépeint bien ce local singulièrement mouvementé.

De décembre à mai, pendant cinq mois, c'est une organisation fiévreuse ; le jour, le bruit sourd et confus invite au sommeil par sa monotonie ; et la nuit, au contraire, la sonorité s'accroît, provoque l'énervement et l'insomnie.

Voilà ce qui frappe dans la **sucrerie** :

1° Une cuve de bois où s'accumulent les cannes, entourée d'ouvriers déchargeurs, ou bien accostée d'un déchargeur électrique à leviers, servi par un seul homme ;

2° Un canal de marque américaine, Link-Belt, en tôle ondulée, ou barres de bois, qui se meut pour porter les roseaux à plus de cent mètres de distance ;

3° Un cylindre, garni de pointes trieuses, stoppant ou tournant au moyen d'une roue qui retarde ou active la distribution ; plus, deux cylindres cannelés défibreurs, *desmenuzadores*, de marque cubaine, Krajewski et Pesant ;

4° Trois cylindres écraseurs, *trapiches*, superposés, avec une séparation en avant de 6 centimètres et en arrière de 2 1/2. Puis trois autres cylindres écraseurs, *de remolida*, superposés, avec une séparation en avant de 2 1/2 centimètres, et en arrière de 1, complétés par un tube criblé de trous laissant échapper de l'eau pour accroître le rendement sucrier. Ces appareils anglais ou américains sont chacun muni d'un moteur de 90, 125, 200 ou même 300 chevaux ;

5° Un conducteur en tôle ondulée, ou barres de bois, qui se meut pour acheminer le déchet, *bagasse*, qui sert à alimenter les foyers ;

6° Des foyers en briques par groupe de deux ou trois, muni d'un puissant ventilateur de marque américaine, Sturtevant ou Buffalo, chacun servant à chauffer deux chaudières multitubulaires, tubulaires, ou tubulaires hérissées, de provenance cubaine, anglaise, ou américaine. Cinq à douze chaudières fonctionnent à la fois, vu l'obligation d'une force abondante pour nombre de moteurs dont un refoule, après passage au tamis de cuivre, les 1re et 2e extractions de suc de canne, se confondant dans un récipient chauffé à 50 degrés en un seul et même jus ;

7° Ce jus sauvage, *guarapo*, perd son acidité, par adjonction de chaux en poudre ou lait. Il faut préparer le lait de chaux pendant six heures, à une densité de 15 ou 20 degrés Baumé, à raison de 150 à 200 litres. On en mêle 7 ou 8 litres à 6,813 et jusqu'à 30,280 litres de jus, selon la contenance des cuves. Trois à douze, et même vingt-cinq de ces cuves, *defecadoras*, de fabrication française, donnent, après une demi-heure à une heure de chauffage à 60 jusqu'à 120 degrés de serpentin et de fond supplémentaire, un premier jus clarifié. Sept à dix autres réservoirs, *de meladura*, de même fabrication française, laissent reposer une heure pour que se déposent les résidus en excès ; et après quatre à six heures, cinq à vingt presses-filtres, de fabrication allemande, obtiennent de ces résidus un second jus clarifié ;

8° Ce jus purifié s'améliore encore dans des évaporateurs métalliques, revêtus, extérieurement, de bois, d'une surface de 825 mètres carrés, renfermant 1,000 tubes verticaux remplis d'environ 5,000 hectolitres de liquide qui se volatilise, par un vide de 2 à 27 pouces, en passant d'une densité de 10 à 30 degrés Baumé, et d'une température de 100 à 85 et 65 degrés centigrades. Ces phases décroissantes se produisent en trois appareils dénominés pour cela *triple effet*, d'origine française, américaine, ou anglaise, où les pompes amènent le liquide transvasé et l'eau volatilisée dans un Condenseur barométrique, haut de 12 mètres et s'élevant dans une fausse cheminée de 20 mètres. Par cette opération, le jus se transforme en sirop, et se perfectionne dans un ou deux cuiseurs français ou anglais, donnant par jour en trois chauffes 300 hectolitres de masse, ou conglomérat plus dense.

9° Ces appareils, *tachos de punto*, réussissent en six à dix heures à former des granulations assez nombreuses rendant 83 pour cent de sucre. Un ouvrier expérimenté les retire avec une sonde. et les vérifie sur plaque de verre ;

10° Des centaines de wagonnets, ou encore deux à dix réservoirs malaxeurs, *enfriadoras*, de 25,000 litres, de marque française, servent à faire reposer pendant quatre jours, ou trente heures au minimum, la matière cristallisée qui bientôt se coagule, et peut être soumise ainsi à une dernière opération : le séchage.

11° Six à trente récipients de cuivre, *turbines centrifuges*, fabriquées en Amérique, tournant à raison de 1,800 tours à la minute, produisent, toutes les trois ou quatre minutes, une poudre de sucre roux à grains assez gros, et un liquide qualifié *miel*. qui, étant cuit, et ayant reposé huit jours, devient de la *mélasse*, transformée par de secondes turbines centrifuges en une seconde poudre de sucre roux à grains fins ;

12° Enfin on emporte un bon sucre à 96 pour cent de parties pures, en sacs chacun d'une contenance de 150 kilos. On s'est assuré de la bonne fabrication par un examen minutieux : 1° des cannes ; 2° et 3° de leurs deux résidus ; 4° et 5° du jus sauvage et du jus clarifié ; 6° des déchets pressés ; 7° du sirop des évaporateurs ; 8° de la masse granulée des cuiseurs ; 9° et 10° des deux poudres de sucre sorties des turbines centrifuges ; 11° et 12° du miel et de la mélasse extraits du turbinage et du returbinage. Ces douze différentes analyses chimiques servent à estimer le sucre et en fixer le prix.

Il y a vingt ans, les 11 kilos 500 [1] valaient 12 réaux (2 fr. 40) ; ces dernières années, ils ne valaient plus que 1 1/2 et 1 3/4 de réaux (30-35 centimes) ; mais après, ils sont remontés au chiffre point de départ du gain, 4 réaux (80 centimes) ; et en 1905, ils atteignaient 7 réaux (1 fr. 40). Ce relèvement de prix s'explique par la pénurie du sucre de betterave en Europe, causée par la convention de Bruxelles, et par la cherté de sa culture. Sous ce rapport, la betterave est inférieure à la canne, cultivée si économiquement, renouvelée à peine tous les six à huit ans, et produisant par hectare environ 70,000 kilos et même 240,000 aux îles Hawaï.

1. Cette mesure correspond à l'unité de poids cubaine : *l'arroba*.

Aussi, comprend-on la tentative actuelle d'accroître l'exploitation sucrière cubaine par de grands sacrifices.

Voilà à peu près le coût d'une fabrique de bonne importance, traitant par jour 700 sacs ou 105,000 kilos, soit par année 100,000 sacs ou 15 millions de kilos.

Ces frais sont :

Construction des bâtiments......	100,000	francs.
Canal conducteur de cannes....	7,000	—
Moteur avec cylindres défibreurs......................	45,000	—
Deux moteurs de 48,000 francs, leur transmission de 42,000 fr. et six cylindres premiers et seconds écraseurs de 80,000 fr..	170,000	—
Conducteur du résidu des cannes..	7,000	—
Installation pour brûler le résidu des cannes....................	25,000	—
Chaudières....................	100,000	—
Ventilateurs....................	7,000	—
Cuves clarificatrices............	30,000	—
Presses filtres..................	22,000	—
Trois évaporateurs..............	80,000	—
Deux cuiseurs..................	80,000	—
Réservoirs de repos et réservoirs supplémentaires de repos.....	38,000	—
Récipients-turbines de premier sucre et récipients-turbines de second sucre..................	70,000	—
Accessoires divers..............	75,000	—
Escaliers, forge et atelier de machines.....................	25,000	—
Éclairage électrique............	10,000	—
	891,000	francs.

Cette somme comprend le coût des bâtiments,

de la machinerie ; plus le transport, l'entrée doua-
nière, l'organisation, et le sol acheté, élevant la
dépense faite jusqu'ici à...... 1,491,000 francs.

Ce qui entraîne :

L'achat d'une propriété de 1,350 hectares, au taux de 1,000 francs les 13 hect. 1/2....	100,000	francs.
Soixante-quinze charrettes à 350 francs.....................	26,250	—
Cent cinquante jougs à chaînes à 6 fr. 40, plus cordes d'atte-lage, etc.....................	11,800	—.
Trois cents bœufs à 300 fr. ...	90,000	—
Trente mulets et chevaux......	15,000	—
Parc pour les animaux.........	5,000	—
Deux bâtiments logeant 300 tra-vailleurs.....................	45,000	—
Maisons de 15 principaux em-ployés.....................	30,000	—
Demeure du propriétaire.......	20,000	—
	1,834,050	francs.

Ce déboursé, qui se rapporte au domaine et à
l'usine, est additionné de frais de mise en marche :

Plants, plantation, culture à 1,500 fr., 5,000 fr., 1,000 fr. les 13 hectares 1/2 et pour 1,350 hectares................	800,000	francs.
Paiement d'ouvriers de récolte et de machines, de chimiste et de contremaîtres..........	400,000	—
3 millions	034,050	francs.

Encore ce total général versé, qui n'a pas commencé à produire, n'est considéré que comme une

avance approximative pour faire marcher certain nombre des 186 sucreries existantes.

Parmi elles, 2 et 6 sont en provinces pauvres, Ouest et Camaguey ; 31 dans une province prometteuse, Orient ; 28 dans une province bonne, Havane ; 50 dans une province riche, Matanzas ; et 69 dans la province la plus riche, Santa-Clara. Dominant toutes les installations, apparaît la plus grande, *Chaparra*, qui traite annuellement deux cent cinquante mille sacs. Elle ne nuit pas à d'autres, encore grandes, pourvues de certaines spécialités dignes d'attention.

L'usine *Rosario* est simple, avec appareils indispensables et un bon polarimètre analyseur de sucre. Celle d'*Hormiguero* est superbe d'entretien ; un jour entier par semaine est réservé au nettoyage. Celle de *Conchita* est admirable d'aération, tempérant la chaleur dégagée par les machines dominées par une belle plate-forme, du haut de laquelle le propriétaire surveille le travail journalier. Celle de *Soledad* possède une machinerie neuve et un évaporateur pouvant recevoir par jour 1 million 250,000 kilos de sucre. Celle de *Providencia* est amplement montée en moteurs électriques. Celle de *Boston* est bien pourvue avec ses trois moteurs électriques, ses deux grosses pompes réfrigérantes alimentées d'eau de mer et ses appareils récents, tous en double. Celle de *Constancia* possède une pompe puissante, et perfectionnée à deux effets, aspirant par jour 3 millions 750,000 litres d'eau. Celle de *Caracas* est remarquable par son réfrigérant à fagots de bois, par sa grande batterie de dix-huit diffuseurs augmentant le rendement du sucre, et par de nombreux moteurs à vapeur et électriques réduisant fortement la main-d'œuvre. Celle de *Santa-Gertrudis* a les machines les plus fortes comme cylindres écraseurs, générateurs électriques, condenseur barométrique, un ancien et curieux système de châssis aux 5,000 cônes en tissu qui retiennent le sucre, et quantité de bâtiments différents

Ces dépendances de sucrerie composent un « batei », au milieu duquel apparaît la luxueuse demeure du maître avec parc aux arbres précieux, puis 9 coquettes villas pour les principaux employés ; 100 maisons pour 600 ouvriers blancs ; 50 maisons pour 400 ouvriers de couleur ; un logis aux cloisons mal ajustées, sentant l'opium et autres parfums bizarres, abrite de nombreux Chinois ; une cour entourée de logements disparates, est réservée aux nègres. Il y a encore une longue bâtisse qui comprend : blanchisserie, salon de coiffure, café, restaurant, pharmacie. Et des échoppes sont approvisionnées de pain, vivres, vêtements, nouveautés, objets de bazar. Puis, voici l'école des enfants, le poste de police, les parcs d'animaux. Toutes ces annexes entourent les plus grandes usines desservies par des voies de fer privées ayant jusqu'à 100 kilomètres, avec 500 wagons et 8 locomotives, utilisés dans une propriété de 46 colonies aux mains de 4,000 ouvriers. Encore ce nombre est-il modéré vis-à-vis de toute l'industrie sucrière cubaine qui emploie environ 17,000 travailleurs.

De pareilles exploitations sucrières dépassent 13,500 hectares, et coûtent, de mise en train de sol et d'usine, environ 10 millions, et annuellement d'entretien environ 1 million ; le rapport est d'environ 3 millions. On ne peut tenter avec succès de telles entreprises qu'avec une mise d'à peu près 15 à 20 millions de francs. Ces capitaux sont fournis par certaines sociétés en nom collectif ou en anonyme, entre autres : Terry et Frère, Luis Diaz Garcia, A.-G. Mendoza, Attkins et Cᵒ, Colonial Sugar Cy, United Fruit Cy, et autres trusts américains qui, non contents de renouveler des entreprises en provinces cultivées Ouest, sont en train d'en créer de nouvelles en provinces vierges Est, surtout dans la baie de Nipe, excellent point de départ pour les vapeurs, et dans la baie de Guantanamo, où se groupent quelques usines intéressantes : parmi elles, *Romélie*, possédant cinq gros cylindres écraseurs, *San-Antonio*, conservant un petit cylindre écraseur, début rudimentaire de son industrie sucrière, comparable aux procédés employés dans quelques petites fabriques « ingenitos », d'où sortent des gâteaux populaires dits *raspaduras*.

De plus grands établissements donnent du meilleur sucre : six raffineries, celles de *Providencia*, *Tolon*, *Jesus-Maria-Crescente*, une cubano-américaine, deux espagnoles. Ensuite, viennent trois distilleries, entre autres la nommée *Viscaya*. La plus vaste, l'*Infierno*, place le miel en deux citernes de 2 et 3 millions de litres, le passe à l'eau à raison d'un litre pour 15 litres dans quatorze cuves, le fait monter par pompe en réservoir, dans un bac chauffé à 40 et 50 degrés, et dans un alambic à 80 degrés, produisant par jour 37,000 litres. Sorti de cet appareil français, le liquide repose en vingt-deux wagons de 16,000 litres, stationne en deux cylindres verticaux rectificateurs de 16 et 40,000 litres, se dépose en cinq cuves de 100,000 litres, et se garde en quinze cents à deux mille fûts de 15 millions de litres d'alcool, livré annuellement par cette usine remarquable par ses portes et planchers métalliques ainsi que son installation supérieure.

Mais l'industrie sucrière n'est pas l'unique curiosité à voir ; et, l'on rencontre bien d'autres choses intéressantes dans les régions de Matanzas et de Santa-Clara.

La **PROVINCE** de **MATANZAS** est large de 62 à 95 kilomètres, et longue de 125. Sa population était en 1907 de 239,812 habitants. Sa température suit la normale cubaine. Sa campagne est souvent dénudée avec peu de rivières, marais côtiers, savanes, plaines parfois ondulées de collines. A remarquer la San-Miguel, les Tetas-de-Camarioca, et une colline utilisée comme marque marine, avec sa forme originale de piton nommé **le Pan**, qui est couvert de palmiers rabougris, d'aloès, de bananiers, et d'autres arbustes. Cette végétation cesse à une cime haute de 396 mètres, qu'une pure atmosphère désignerait pour une bonne villégiature d'air. De gras herbages couvrent les pentes de Palenque ; le val de Guamacaro est fertile ; non loin se remarquent les grottes où s'abritèrent les insurgés du général Betancourt. Dans ces mêmes parages, se trouve Ceiba Mocha, gracieux village aux maisons de chaume ou de bois, avec église à madone de la Candelaria, pieux pèlerinage, et avec une végétation luxuriante procurée par du maïs, des bananiers, et des orangers, qui produisent par an 500,000 fruits. Ceux-ci sont exportés par un chemin de fer qui se dirige vers l'Est, à travers une riante campagne au joli cours d'eau peuplé de nénuphars. Il atteint à 87 kilomètres de la Havane, la belle gare à façade gothique du chef-lieu de la province, créé en 1693 et peuplé en 1907 de 36,009 âmes.

MATANZAS ne rappelle guère sa vieille légende, qui la fit dénommer « place à massacres ». Aujourd'hui, c'est la ville cubaine la plus séduisante par l'entretien parfait de ses rues bien tracées et de ses maisons bien construites. Sa grande place, ombragée de palmiers, est égayée le soir par des affiches lumineuses. L'attention est encore attirée par la cathédrale, flanquée de deux tours, par une école secondaire d'Etat, qui montre un musée de fleurs en cire, par une caserne avec de nombreux pompiers, un théâtre avec soirées cinématographiques, les quartiers Pueblo-Nuevo et Versalles, la promenade Marti décorée d'un monument commémoratif, la colline Cumbre et la baie de Playa essaimées de villas.

Cette apparente richesse cache néanmoins une certaine déchéance résultant de la grande concurrence du commerce havanais.

Aussi, à mon passage, y avait-il loin de voir en son port 60 voiliers ou vapeurs qui chaque jour faisaient escale. Leur nombre a cependant fini de décroître. L'Etat cubain a fait construire un nouveau quai par une compagnie américaine, ce qui a aidé l'embarquement de 700,000 sacs. Cette belle reprise sucrière de 1904 a été suivie de progrès à cause de frais de transit diminués à 60 cents ; aussi, en 1907, eut lieu une exportation valant 59 millions 230,724 francs. Cela ranime la navigation du petit fleuve San-Juan et de la baie large de 3 kilomètres, longue de 10, dominée par la colline pittoresque de Monserrate. Il y avait là en décembre un pèlerinage suivi d'un banquet où prenaient part cinq cents Espagnols. Beaucoup de ces nationaux ayant émigré à cause des événement politiques, il ne reste plus qu'une chapelle de la Vierge avec un autel de liège, entouré d'ex-votos.

Du sommet, la vue plonge dans la gorge rocheuse de l'Abra, et dans le **Val de Yumuri** aux belles prairies et aux innombrables palmiers royaux, arrosés par le cours d'un petit fleuve.

Aux environs, les **grottes de Bellamar**, à une profondeur de 125 et 103 mètres, possèdent deux galeries de 1 et de 2 kilomètres. La plus longue a des parois rocheuses remarquables figurant un manteau virginal orné de pierreries, un arc-en-ciel sur pilier en forme de cygne, et plusieurs salles dites des Filigranes, du Purgatoire, de l'Indienne, aux minuscules stalactites cristallines imitant le verre de Venise. Le propriétaire actuel de ces grottes, un Asturien, est arrivé à les rendre rémunératrices, tandis que les premiers explorateurs, un nègre et un Chinois, ainsi que le premier propriétaire, un Galicien, n'y avaient pas réussi. Actuellement, et par an, plus de 12,000 personnes n'hésitent pas à faire à pied les 4 kilomètres de chemin qui conduisent à une merveille, atteinte aussi en voiture volanta, qui coûte 25 francs de location.

Suivant l'avis de plusieurs compatriotes français, entre autres un pharmacien, je pris le chemin de fer qui me conduisit vers l'Est, sur le plateau dénudé où s'érige le village de Guanabana, aux constructions de bois, traversa les terres ondulées d'Ibarra, un des foyers de la dernière insurrection, et la rivière Canimao qui longe des mamelons arrondis. La voie ferrée se continue jusqu'aux gros villages de Limonar et de Coliseo, s'étend dans une plaine aux plantations de cannes et aux nombreuses sucreries, passe à **Jovellanos**, petite ville avec fonderies et avec maisons massives, de 9,246 âmes. Ici, bifurcation vers le Nord, parcours à travers des herbages, bambous, cannes, jusqu'aux villages de Cimarrones et Contreras ; on passe devant une sucrerie aux constructions élégantes, *Torrientes*, située au milieu de jolis palmiers et manguiers ; enfin, voici un rivage marécageux de la mer, où se trouve bâtie, à 169 kilomètres de la Havane, une ville créée en 1827, et peuplée en 1907 de 24,280 âmes.

Cardenas a un faux air américain, dans ses quartiers de Quintas, de Versalles, de Pueblo-Nuevo, traversés par 23 rues coupant à angle droit 30 avenues. Mais le caractère espagnol recouvre son empire dans une place à parterres entourés de murettes, avec une statue en bronze de Colomb et une église avec un dôme et deux tours polygonales, badigeonnées de blanc et de jaune. Une grande voie mène au marché qui est très bien tenu, pourvu d'une balance officielle pesant tout article à sa sortie. Le musée renferme une belle collection de crustacés : des colimaçons terrestres, coniques rayés de toutes couleurs, ou ordinaires rayés de noir ; un *strophia torrei* avec incrustation de fragment de pierre, un *hélix imperator* à ouverture en

couronne impériale, un *hélix petiliana*, le second
le plus gros du monde; puis de précieux coquillages
fluviaux et marins. Certains ont l'apparence de la
porcelaine, et un unique, *trochus trochiformis
Born*, présente une carapace mince garnie d'
pierres préservatrices. Tous ces spécimens sont
classés en gradation heureuse de nuances par un
méthodique conservateur, M. Blanes, qui expose
encore des objets préhistoriques de la région et de
Guamacaro, un oiseau-mouche rare, des animaux
difformes, un morceau de l'arbre qui abrita l'autel
de la première messe dite à la Havane. Des reliques
guerrières rappellent que ces parages ont été, en
1850, le théâtre du débarquement de Narciso Lopez
en sa première tentative d'insurrection. On peut
visiter un spacieux hôpital, bien que, par suite de
la bonne hygiène actuelle, les habitants connais-
sent peu la maladie. Leur vie est vouée à diverses
industries : deux raffineries de sucre, deux distilleries, une tannerie, une fonderie dirigée par un
Français, des pêcheries. Une bonne production
règne ainsi que dans une campagne voisine intérieure, profitant d'une situation indépendante pour
exporter assez par un nouveau port approfondi.

Après une visite à la petite station balnéaire de
Varadero, un train m'emportait à l'Est, en passant
en vue d'îlots, notamment ceux de *Diana* et de
Cupey, vers des bois variés, des prés remplis de
bétail, et le riant village de Recreo. Voici des terres
fertiles, avec de vieilles sucreries près d'Altamisal ;
en voici d'autres, avec une tour munie d'une cloche
avertissant les travailleurs de San-Martin ; encore
de nombreux champs de cannes, avec de grandes
sucreries, *Alava*, *Santa-Gertrudis*, suivies de celles

de San-José-de-los-Ramos et de Macagua. Des voies ferrées plus importantes sillonnent l'Ouest. On traverse Colon, petite ville avec fonderies, de 7,124 âmes, de plaisants villages producteurs de s re : Guareiras, Amarillas, Aguada, la grande sucrerie *Perseverencia*, enfin d'autres gais villages adonnés à l'industrie sucrière : Corral-Falso, Navajas, et Bolondron aux curieux habitants de couleur, éclipsé par « Union-des-Rois », bourg avec des fonderies, de 3,941 âmes, auprès d'un autre de 2,870 âmes, voisin terrible, heureusement seulement par son nom « Scorpions », signification d'Alacranes. Ensuite, on arrive à un Orient des plus intéressants.

La **PROVINCE** de **SANTA-CLARA** est large de 92 à 125 kilomètres et longue de 290. Elle est la plus centrale, car, elle comprend le centre vrai du pays entre les villages Jaguajay, Placetas et Juaracabulla. Sa population était en 1907 de 457,431 habitants. Sa température suit la normale cubaine, modifiée par des pluies abondantes aux premiers ou aux derniers mois de la saison chaude. Sa campagne est bien souvent dénudée, avec des rivières navigables encaissées, ou s'élargissant dans les plaines, avec des marais côtiers d'un caractère particulier, surtout dans la grande péninsule de Zapata, des savanes, des plaines parfois ondulées de collines rocheuses en forme de pitons : Cance-Vaca, Cerros Calvo et Chivo-del-Capiro. Parmi les collines, les plus hautes à signaler sont : la Rambubanao, la sierra Escambray, comprenant les groupes Gloria, Cubanacan et Guamuhaya avec un pic de 927 mètres, le Potrerillo. On remarque la jolie cascade de Hanabanilla et la grotte de Banao. Cette province était appelée autrefois « Villas » à cause de villages devenus cinq villes. Elle est maintenant couverte des plus importantes cultures de cannes et de champs de tabac dénommé *guinea de Miranda* ou de *Manicaragua*.

Le chemin de fer traverse une partie Ouest très sèche, avec des herbes fanées, des arbustes variés, et des palmiers rabougris ; il dépasse le bourg de 3,090 âmes, Santo-Domingo, au clocher en calotte de faïence, puis une colline, sur la pente de laquelle s'étend une localité de 2,754 âmes, Esperanza, à l'industrie spéciale de confiture de goyave. Plus loin, l'on rencontre des terres ravinées avec de nombreux palmiers royaux ; puis, sur un plateau incliné, on aperçoit, à 283 kilomètres de la Havane, le chef-lieu de la province, peuplé en 1907 de 16,702 âmes.

SANTA-CLARA a été créée, en 1690, pour remplacer la localité côtière San-Juan-de-los-Remedios, désolée alors par des corsaires, et animée aujourd'hui de 6,988 âmes. Son aspect procède de deux époques : du passé par le vieux style de son église, sa rue Bon-Voyage, son square central Vidal, nom d'un grand insurgé, un obélisque élevé aux religieux Mendoza, fondateurs d'écoles ; et du présent par sa nouvelle usine électrique, son collège bien muni d'appareils de gymnastique, de minéraux, et son dispensaire fondation généreuse d'une dame Abreu, qui fit aussi le don d'un théâtre. Citons encore une société musicale enfantine tout à fait charmante.

Par une voie ferrée, je ne tardai pas à gagner le Nord, traversant des herbages, des palmiers de savane, et des palmiers royaux, un village grouillant, Rodrigo, une sucrerie *Santa-Teresa*, avec tours fortifiées au bas d'une colline, un village, Siliecito, et une plaine avec une ville.créée en 1842, et peuplée en 1907 de 12,393 âmes :

Sagua-la-Grande a été construite, pour remplacer les demeures d'Ysabela, bâtie très pittoresquement sur pilotis, à 17 kilomètres, et dont les rivages marins avaient été assaillis par des corsaires. Cette ville a subi deux inondations, en 1888 et 1894, la dernière ayant causé l'aventure d'un cheval, sauvé en prenant pied sur le maître-autel de l'église. Elle s'est montrée toujours très patriote, surtout en 1902, l'année où fut proclamée l'indépendance cubaine, qu'elle fêta par maintes réjouissances et par l'arrivée de cinq voiliers et d'une petite frégate symbolisant la république victorieuse. C'est un centre intellectuel, car, il a donné le jour au docteur Albarran. C'est aussi un centre industriel, par une fonderie, une raffinerie de sucre et une grande distillerie. Une bonne production règne ainsi que dans une campagne voisine intérieure profitant d'une situation indépendante pour exporter assez par un port fluvial. Ses maisons sont bien construites, surtout celles qui entourent deux places aux poétiques palmiers.

Une autre voie ferrée, à matériel bien entretenu, allant vers le Sud, atteint, au delà de Santo-Domingo et d'Esperanza, des champs verdoyants, un ruisseau plaisant qui coule dans des ravins le China, une localité animée Ranchuelo, des plantations continues de cannes, des bourgs de 5,111 et 4,137 habitants de couleur, Cruces et Palmira, près des grandes sucreries *Caracas* et *Hormiguero*.

et sept autres usines. Là commencent des ondulations du sol avec palmiers royaux jusqu'à la sucrerie *Soledad*. Puis, s'étend une chaîne montueuse, aux cimes arrondies et bleuâtres, au pied de laquelle, au bord de la mer, à 309 kilomètres de la Havane, est édifiée une ville, dont l'origine remonte à 1819, peuplée en 1907 de 30,100 âmes.

Cienfuegos porte le nom de son fondateur espagnol ; mais on ne peut oublier le Cubain Santa-Cruz qui, sans profit, céda son emplacement, et le Français de Clouet qui, avec privilèges, créa et accrut une modeste colonie devenue grande agglomération augmentée des faubourgs : Marsillan et Punta-Arena. Cette cité a ses maisons et ses rues d'une parfaite régularité, un square central composé de longs parterres et d'allées touffues. On y admire une église, avec deux tours inégales aux petits dômes bulbeux, et avec une madone vêtue de costume brodé, un théâtre décoré richement dont la salle est ornée de guirlandes et de fins médaillons, grâce à la générosité d'un mécène vénézuélien, Thomas Terry. L'hôtel de ville est spacieux, peuplé de scribes ; les cercles sont luxueux, et leurs péristyles sont encombrés de membres. D'ailleurs, ici, on trouve bon nombre de fonctionnaires, d'avocats, de médecins, de professeurs, de commerçants, dont certaines enseignes arborent les mentions : *Parfumerie de Paris, Nouveautés de France, Boulangerie de la jeunesse française*, même un établissement dénommé *Notre-Dame de Lourdes*. Voici encore des devantures avec des drapeaux tricolores,

Deux habitants sont de curieux phénomènes : une Cubaine de 67 ans, naine de 75 centimètres ; et un Galicien de 20 ans, géant haut de 2 mètres. D'autres citoyens ont plus grande importance par leur trafic de charbon et surtout de sucre. Ce dernier article est logé dans des magasins qui contiennent jusqu'à 150,000 sacs. Une belle rue conduit au port le plus central du Sud cubain.

Ce port, le deuxième comme importance, reçoit et envoie chaque semaine : un vapeur cubain et deux vapeurs américains desservant la côte sud, plus quinze navires de marchandises. Aussi, ce port, qui est, en outre, deuxième pour les exportations, a été visité, en 1906, par 1,672 navires, de cabotage et de mer entrés et sortis, jaugeant 1 million 930,720 tonnes, réparties dans une importation de 32 millions 402,905 francs et une exportation de 65 millions 255,725 francs (total de transactions de 97 millions 658,630 francs).

A mon passage, constrastait déjà, contre une importation presque exclusive de charbon et divers petits articles, une grande exportation en Angleterre et aux Etats-Unis de 27,500 sacs et 1 million 205,880 sacs, égalant 185 millions de kilos de sucre.

Malheureusement, ce port si actif, n'a pas assez de quais, et avoisine une baie dépourvue de fond, qu'on a commencé à creuser ; son étendue de 8 kilomètres serait utile, même jusqu'à Caïmanera, port annexe qui pourrait envoyer le sucre de toute une campagne intérieure.

Par un petit vapeur, on peut faire une promenade agréable, jusqu'à la rivière Damuji qui arrose la grande sucrerie *Constancia*, et un bourg de

3,306 âmes, Rodas. Un second petit vapeur fait le service d'une pointe de villas Punta-Gorda, de deux stations balnéaires, l'îlot Carena et le village Castillo-de-Jagua dressant en plus des fortifications pittoresques.

D'un goulet voisin nommé le Gué-des-Chevaux, part un plus grand vapeur qui opère vers l'Est une traversée par mer de 80 kilomètres pour aboutir à un port de pêche, armant surtout pour la capture du *guaso*, recevant du bois et du bétail, et expédiant du sucre. Ce gros village de 1,246 âmes, Casilda, est au bas d'une belle route dont la rampe s'élève pendant 5 kilomètres, entre des touffes de verdoyants sureaux, jusqu'à une pente douce occupée par une ville, surgie en 1514, la troisième créée dans le pays et peuplée en 1907 de 11,197 âmes :

Trinidad semble une agréable villégiature. Elle se distingue par la propreté de ses longues rues, par ses gracieux squares, avec charmille achevée en dôme ou parterre dominé de beaux palmiers. Ses maisons en pierres sont pimpantes, grâce à leur crépi blanc, rose, ou vert d'eau. Certaines ont deux ou trois étages : telle une demeure aristocratique avec écussons, telle autre avec véranda, colonnes et tour, appelée palais Beguer. Une demeure a son toit en auvent avec fenêtres encloses de barres de bois en forme de cages. Puis des croix de calvaire jalonnent un chemin de ronde, menant à une grande église. Tout cela évoque nettement le moyen âge. Le dernier siècle vit ces parages occupés par des insurrections fomentées par des hommes célèbres, comme Isidoro Armenteros. Mais, en plus de ces politiciens, il y eut là des gens pratiques pour exploiter aux environs de belles cultures de tabac, café, cannes, traitées dans 40 sucreries. Ces dernières furent abandonnées après l'insurrection de 1868, ainsi que les belles demeures citadines, sous les lambris desquelles retentissent encore quelques accords de piano. Du reste, ici, la jeunesse aime à s'amuser, surtout de la Saint-Jean à la Saint-Pierre, époque de carnaval.

A proximité de la ville, existe une curieuse chapelle-pèlerinage appelée la Popa. Aussitôt après, une colline de 200 mètres, servant de vigie, domine : une plaine superbe qui n'est plus exploitée que par une sucrerie produisant 45,000 sacs, une gorge étroite et fertile, la Llano-de-las-Quintas, un sommet hardi, le Potrerillo, un fleuve paresseux, le Guaurabo, et enfin une rive marine fort dentelée.

Après avoir vainement attendu pendant trois jours un vapeur en réparations, avoir perdu un nouveau temps à espérer un bateau de passage, je coupai court à mes impatiences à Casilda, adoucies pourtant chez un aimable contrôleur des douanes. Je louai un canot qui fit vers l'Est une traversée de 55 kilomètres en doublant des pointes basses : Macio, Caoba, Manati ; des îlots espacés : *Blanco, Fuga* ; d'autres groupés en petit archipel ; des baies recevant des cours d'eau : Higuanojo, Tayabacoa; des promontoires : Guianacaïo, Ciego, Ocujes, Caney. Tant de détours me retardèrent à tel point que je mis vingt-cinq heures, avant d'être recueilli chez un obligeant contrôleur des douanes vivant en lieu sûr :

Las Tunas, port de sortie pour le miel, la cire, expédie encore en massé des bois de cèdre, d'acajou et de campêche. Vingt voiliers sont ainsi occupés de novembre à mai. Ce port est réuni à un village de 500 âmes, aux maisons de bois solidement bâties sur pilotis, à cause de la fréquence des vents, bourrasques et inondations. A mon passage, un riche habitant des environs se souciait peu des intérêts généraux ayant besoin de communications faciles. Les trains ne partaient que tous les deux jours ; et le personnel jouissait d'un repos de vingt-quatre heures par semaine. Locomotives et wagons étaient rudimentaires. Un modeste sacrifice d'argent suffisait néanmoins pour rendre de bonne exportation un parcours de 39 kilomètres.

Le long de la voie on aperçoit des terres basses, arrosées par les méandres du tortueux fleuve, le Zaza, des prés avec des palmiers de savane et juraguanas, des steppes avec des arbustes et des aloès, des terres fertiles aux villages de Guasimal et Jarao, ravinées par les rivières Cayajana et Guainicu. Non loin, s'élève la colline de **Banao**, renfermant une **grotte** aux sépultures indiennes étudiées par le docteur français Montané. Après la colline d'Obispo s'étend la plaine de la Mena où est située une ville surgie en 1514, la quatrième créée dans le pays, et peuplée en 1907 de 17,440 âmes.

Sancti-Spiritus cache bien sa vieille origine. Ses longues rues ont des maisons claires qui éclipsent de rares et vieux logis aux grosses grilles de fer ou de bois. Un pont massif franchit la rivière Yayabo, et une tour haute au clocher bulbeux décore l'église. Un terrible incendie et des assauts multipliés de corsaires étrangers, ne font pas oublier les hauts faits d'insurgés locaux, comme Serafin et Teyo Sanchez.

Cette localité a l'agréable privilège d'avoir une

bonne voie ferrée de 12 kilomètres qui mène vers des prés naturels, des bambous qui bordent le ruisseau Tuinucu, jusqu'au grand ravin de la rivière Zaza après laquelle on trouve la gare de Zaza-del-Medio, distante de 369 kilomètres de la Havane.

CHAPITRE SIXIÈME

Entreprises de l'exploitation des forêts et de l'élevage du bétail. Province de Camagüey, Nuevitas, San-Fernando, Jucaro, Santa Cruz del Sur, et le Grand chemin de fer central.

Aux deux principales entreprises cubaines du tabac et des cannes à sucre, s'ajoutent celles de l'exploitation des forêts et de l'élevage du bétail.

Sur un sol généreux, arrosé par d'abondantes pluies, possédant de nombreux cours d'eau et des mares, poussent des végétations désordonnées qui couvrent la moitié de l'île, soit environ 5 millions 265,000 hectares, dont un 13ᵉ appartient à l'Etat.

Les forêts offrent généralement, à la vue, une confusion de lierre à feuilles légères, genre volubilis, nommé *campanilla*, de laine végétale imitant la toile d'emballage appelée *guayaca*, de lianes dont une, la *cupey*, est surtout fatale aux végétaux, et une infinité d'arbres plutôt de taille moyenne et d'essences diverses, dont beaucoup sont utilisables. Parmi les plus nombreux s'offrent :

Le cèdre (gros) pour ébénisterie, boîtes à cigares et cloisons ;
L'acajou   »   »   »   et wagons ;
Le majagua »   »   »   corderie et carrosserie ;
L'algarrobo »   »   »   charpente et charrettes ;

Ee jucaro (assez gros) pour charrettes;
Le yaya (assez dur) pour véhicules, lances et perches
de transport du tabac;
Le quebracho (dur) pour traverses de voies ferrées et plus
de 35 sortes de palmiers pour maisons, objets domesti-
ques, chapeaux, etc...

Parmi de moins nombreux, se trouvent :

Le granadillo..........	sorte d'ébène, pour l'ébénisterie;
L'acana..............	propre à la charpente des ponts;
Le caiguaran.........	rigide comme le fer; pour les poutres;
Le guayacan	très résistant, pour mâts de navires et coussinets de machines;
L'ubero..............	dont la courbe aide la construction des bateaux;
Le jaguey et le fustete...	spéciaux pour les manches d'outils, cannes, etc.
Le bambou.	précieux en une foule d'usages;
Le campêche	utilisé dans la teinturerie;
La ceiba	l'arbre le plus grand, d'une hauteur atteignant 50 mètres, procurant de la laine à matelas, oreillers, et servant à fabriquer des canots;
L'almacigo...........	l'arbre le moins utile, très décoratif

avec son tronc et ses rameaux de couleur laquée rouge.

enfin bien d'autres essences qui comptent plus de
3,350 espèces.

De telles richesses forestières sont l'objet depuis
quelque temps de diverses exploitations. De vastes
terrains ont été achetés de 250 à 500 francs les
13 hectares 1/2, ou loués à raison de 25 à 30 francs
par arbre abattu. Des ouvriers ont été payés iso-
lément de 10 à 40 francs pour faire tomber chaque
arbre ou équarrir 1,000 pieds superficiels, et préparer des sections de 4 ou 6 mètres. Le transport
est pourtant encore difficile, et s'effectue par le
traînage parfois jusqu'avec huit paires de bœufs,

le flottage sur les rivières, la mise en mer sur radeau qui fait voile vers le navire exportateur. La sécheresse peut occasionner une livraison retardée de plus d'un an.

Heureusement qu'on est en train d'améliorer cette situation par la création de routes et de chemins de fer qui facilitent l'exploitation des régions retirées, souvent les plus riches. Ce résultat est aussi provoqué par des compagnies américaines qui offrent des concessions gratuites ou vendues par petits lots, ce qui augmente l'étendue des terres défrichées. Les expéditions ont lieu de novembre à mai, presque toutes sur des navires affrétés aux Barbades : trois-mâts norvégiens, danois, russes, anglais, plutôt qu'américains, se dirigeant vers les États-Unis, l'Allemagne et l'Angleterre. Les deux premières nations reçoivent le cèdre et la première et la troisième reçoivent l'acajou. Les ports cubains qui chargent le plus de navires sont : Jucaro, Santa-Crux-del-Sur, las Tunas, Manzanillo, etc., qui ont fourni presque toute l'exportation en 1907 de 45 millions 160,000 pieds valant 12 millions 801,690 francs, total qui progressera certainement, avec les commandes à venir de l'Europe qui est payeuse généreuse.

Dans l'île, se trouvent environ 6 millions 750,000 hectares de terres sans culture, couvertes d'herbes. Les marécages produisent la *pitilla* au fil fin ; divers points variés, la *millo* aux feuilles de petit roseau ; les terres basses, la *paral* ou chiendent ; et les terres hautes, la *guinea*, effilée en bottes. Ces deux dernières graminées donnent un bon lait et une bonne chair aux bêtes à cornes.

Le bétail, comprenant d'abord des bœufs, des taureaux et des vaches, offre un aspect robuste et beau. Ces animaux, exclusivement indigènes, constituaient un grand élevage parvenu à 2 millions 485,768 têtes, jusqu'aux insurrections qui exigèrent bien des sacrifices pour le ravitaillement, et après lesquelles il ne restait plus que 999,862 têtes. Ces bêtes créoles sont aujourd'hui avantageusement adjointes de taureaux et de vaches qui viennent de Porto-Rico, Colombie, Venezuela, Mexique, Floride, Texas, et même de Durham et Jersey en Angleterre. Le gouvernement cubain a pris l'initiative de faire une avance de 863,803 francs pour l'importation de 4,336 têtes, somme remboursable à divers intérêts et échéances. Il a promulgué une loi défendant toute sortie de vaches, et exonérant de tout droit d'entrée l'importation de ces dernières bêtes. Cette mesure, en un an, a majoré le nombre des têtes de bétail de 312,684 ; à mon passage, déjà leur total était de 1 million 303,650, et en 1907, de 2 millions 579,492 têtes en bonne voie vers 4 millions de têtes qui pourraient aisément vivre dans les herbages du pays.

Jusqu'ici, les principales propriétés d'élevage ont été *Altamira*, *Montejo*, *Anton*, *Union*, qui comptent chacune plus de 1,000 à 2,000 animaux. Dans plusieurs fermes, on fabrique des fromages, mais peu de beurre. Quelques-unes distribuent le lait pour la consommation. Jusqu'ici, quelques maisons de commerce, dont surtout deux importantes, ont eu chacune en dépôt de 1,000 à 2,000 bêtes pour la boucherie, acquises directement chez les propriétaires. Une telle recrudescence s'accroîtra certainement en améliorant les pacages, qui donneront aux vaches plus de 10 litres de lait quotidiens, et aux bœufs une viande de boucherie de qualité supérieure, qu'on écoulera aisément aux États-Unis, pays qui ne peut avoir de reproduction aussi parfaite avec son climat capricieux.

Parlons maintenant de la région des forêts et du bétail.

La PROVINCE de CAMAGUEY est large de 60 à 120 kilomètres, et longue de 205, Sa population était en 1907 de 118,269 habitants. Sa température suit la normale cubaine, modifiée par des vents fréquents et des bourrasques qui sévissent en septembre et octobre dans ses parages maritimes du sud. Sa campagne est aux trois quarts boisée, coupée de prés naturels, offre des rivières nombreuses et tortueuses, des savanes disséminées, des marais côtiers se continuant dans la mer en groupes d'îlots aux touffes vertes qui forment les **archipels des Douze lieues, du Jardin de la Reine, du Jardin du Roi, ou les îlots isolés Coco, Romano, Turiguano, Guajaba.** C'est une plaine continue, simplement ondulée par les collines de Deseada, Najas, et la sierra Cubitas où se trouve la grotte de Canjilone ; terre vierge le plus souvent, qui n'a pas dû bien se modifier depuis les premiers faits de l'histoire cubaine : le 28 octobre 1492, **débarquement de Colomb à la baie Sabinal,** près du rio Maximo. Les îlots Sud du Jardin de la Reine ne furent qu'entrevus par les deuxième et quatrième croisières colombiennes. Plus tard, les côtes Nord et Sud furent visitées par les envoyés politiques Ocampo et Ojeda. L'intérieur de la région fut

exploré par le capitaine Narvaez, par le missionnaire, immortel ami des Indiens, las Casas, par des
conquérants sanguinaires, principalement au bord
de la rivière Caonao. Ces derniers.créèrent l'escla-
vage pour les cultures, les mines d'or, et les pêcheries de perles. Ensuite, la région entière fut assail-
lie par des corsaires étrangers. Sa population
fut la première acquise à l'indépendance, la pro-
clama dès 1851, la rendit effective en 1869 par la
création d'une république cubaine, la première dirigée par un Président et une Chambre forcée de se
déplacer souvent. Enfin, cette province fut le théâtre de bien des combats qui ont préparé la république définitive.

Tant d'événements ne semblent pas avoir pu se
passer en de si vastes solitudes, interrompues
étrangement par l'apparition, à 540 kilomètres de
la Havane, d'une ville surgie en 1514, la cinquième
créée dans le pays, et chef-lieu de la province, peuplé en 1907 de 29,616 âmes.

CAMAGUEY, ancienne **Puerto-Principe**, est la
ville cubaine qui a l'aspect le plus moyenâgeux : de
longues rues bordées de maçonneries basses, toits
lourds de tuiles, murs poudreux. Des crépis multicolores couvrent les hôtels et les églises. Quatre de
ces dernières sont remarquables : la Merced au
pavé en pente montante et avec un clocher bulbeux, la San-Francisco à voûte de bois, près d'un
collège, dont les corps de logis sont séparés par des
cours ombragées, le tout appartenant aux Pères
Pies, la Caridad à péristyle, dôme et clocher
trappus, enfin la Carmen avec ses deux tours, son
porche Renaissance, et sa façade ornée de faïence
de Delft. Ce qui donne le cachet le plus ancien, ce

sont des rues non pavées, aux étroits trottoirs de
briques, aux modestes maisons, en murs barrés de
bois brut contournant les fenêtres, coiffées d'auvents soutenus par des supports en bois tourné.
Telles sont les rues de l'Hôpital, Enrique-José,
Astillero, San-Martin, et San-Esteban, dont les demeures récoltent l'eau de pluie dans de simples
récipients. Voici enfin du moderne : un pont sur la
rivière Hatibonico, un parc avec une petite collection d'animaux le Casino Campestre, un square
central aux palmiers majestueux, un éclairage et
des tramways électriques !

Au delà de cette ville qui souffrit des assauts
de corsaires, et qui fut le quartier général des premiers mouvements insurrectionnels, et le berceau
d'une première république cubaine fertile en hommes célèbres : Gaspar Betancourt Cisneros, Agüero,
Ignacio Agramonte, etc., s'étendent des savanes
de palmiers fanés, des espaces coupés de prés et de
bois, jusqu'au bourg de 4,386 âmes de **Nuevitas**,
puis à San-Fernando, Jucaro, et au gros village de
1,640 âmes de **Santa-Cruz-del-Sur**, points maritimes des côtes Nord et Sud. C'est un désert qui
commence à s'animer, ainsi que tout l'Est cubain,
grâce à une œuvre de pénétration nouvelle.

Le Grand chemin de fer central, projet sou-
haité depuis près d'un demi-siècle, et qu'une compagnie française, entravée par le régime espagnol,
n'avait pu faire aboutir, s'est enfin créé par suite
d'une intervention américaine favorable à une
société ayant son siège à New-York et à Montréal.
Bien dirigée par M. Van Horne, promoteur du
Canadian Pacific, la compagnie « Cuba » a dépensé

41 millions 600,000 francs pour ouvrir, en deux ans seulement, une ligne de 542 kilomètres avec environ 500 travaux d'art. Cette belle voie a été vendue à la « Cuba Railroad » qui exploite encore des embranchements latéraux, avec de nombreux hectares de terres cédées par petits lots, et 200 milles carrés au bord de la baie de Nipe, près d'Antilla, nouveau port de départ de vapeurs rapides vers les États-Unis. C'est une salutaire ressource pour les terres orientales, qui commencent déjà à envoyer leurs produits à 35 centimes le kilomètre, tandis que les gens paient 70 centimes le kilomètre. Ce chemin de fer si pratique compte, en plus d'un matériel de marchandises, un matériel de voyageurs qui consistait a mon passage de 40 wagons et de 22 locomotives largement suffisants pour deux trains quotidiens qui font en 23 heures le trajet de la Havane à Santiago, la ligne devenant surtout spéciale au chemin de fer central, depuis Santa-Clara.

Une première section s'étend sur un sol irrégulier, qui comprend des broussailles, des ruisseaux tortueux, une plaine de cannes, de bananes, de tabac, avec des villages distants les uns des autres : Ochoa, Manajanabo, et le gros bourg de 6,184 âmes de Placetas, embranchement de ligne allant à Caïbarien, petite ville de 8,333 âmes agencée d'un port. Viennent ensuite des ondulations de terrain recouvertes d'herbes rousses, des terres brûlées pour la culture vers Cabaiguan, une colline rocheuse et une autre mi-boisée, l'Alonzo-Sanchez, dominant la gorge traversée par le beau viaduc de Zaza-del-Medio. Successivement se déroulent une plaine d'arbustes, une forêt assez haute coupée de dépôts de bois, un viaduc sur la rivière Jatibonico, une grande suite d'arbres moyens ne pouvant cacher des embryons d'exploitation près de Majagua. Et on arrive au bourg de 4,242 âmes de Ciego-de-Avila, station avec buffet.

Une deuxième section s'étend sur un sol plat qui comprend une steppe d'arbustes, une forêt assez haute entrecoupée de dépôts de bois, une longue suite d'arbres moyens s'entr'ouvrant pour des pacages de bétail à Algarrobo, puis des massifs espacés d'arbustes et de bambous. Voila Camagüey, station avec marquise longue qui abrite des voyageurs de plusieurs races. A mon passage, au delà, le parcours était si désert, durant 238 kilomètres, que le train ne contenait plus que 30 voyageurs. On ne voyait qu'une steppe aux palmiers rabougris, de tons fanés, jusqu'à San-Ignacio, une forêt haute cessant à Hatuey, des prés naturels parsemés d'arbustes au devant d'une colline écartée, Descada, des terres défrichées par le feu et des grands dépôts de bois, Marti, Lebanon. Après une grosse localité de 2,147 âmes, prise et reprise au temps des insurrections, las Tunas, station avec buffet, venait la forêt la plus haute, interrompue de grands dépôts de bois : Lindelie, Maceo, et d'une rivière, Salado, rencontrée près d'un arbre énorme, ceiba. Et passé le village de Cacocum, croissaient des végétations clairsemées jusqu'au coin touffu d'Alto-Cedro.

Enfin, une dernière section s'étend sur un sol mouvementé. Ce sont des prés naturels qui longent les chaînes de collines mi-boisées de Pinares et Mayari jusqu'à San-Felipe, des ravins traversés de viaducs importants surtout à Bahiati, deux rivières qui coulent dans un lit profond, le Cauto et le

Guananicum, la dernière aperçue entre Paso-de-Estancia et San-Nicolas. Des espaces boisés sont suivis de parages dénudés où se trouve le bourg de San-Luis. Ensuite des ondulations répétées sont couvertes de champs de cannes, de maïs, de bananes ; des ravins renferment bien des bambous vers Dos-Caminos et Moron. Un plateau porte le gros village de Cristo. Un val tortueux verdoyant descend, garni de plusieurs localités de villégiature. Et une plaine, parsemée de touffes vertes de sureaux, précède le point terminus des 856 kilomètres qui séparent la Havane de Santiago.

CHAPITRE SEPTIÉME

Province d'Orient, la plus grande et le berceau de la nation. Santiago et ses environs ayant vu se livrer les derniers combats décisifs de l'indépendance. Un val riant de villégiatures. Entreprise des mines. Guantanamo et ses environs composant une région rêvée de colonisation française. Entreprises des plantations de café et de cacao.

La **PROVINCE d'ORIENT**, la plus étendue de Cuba, est large de 110 à 165 kilomètres, et longue de 592. Sa situation se trouvant à environ 3 degrés sud de la Havane, ne rend sa température modérée jusqu'à 10°, qu'à la cime des montagnes, car ailleurs, elle atteint plus de 25°, et même jusqu'à 40°. Heureusement que la longue saison des pluies atténue cette grande chaleur. Sa campagne est infiniment variée et pittoresque. Le Nord-Ouest présente une plaine marécageuse et boisée, ravinée de cours d'eau parmi lesquels le plus considérable de l'île, le Cauto. Le Nord-Est, Le Sud-Est et le Sud-Ouest sont jalonnés de collines en piton : la Silla, le Cerro-de-la-Cruz, et de chaînes de montagnes : Bijaru, Nipe, Cristal, Toa, Cuchillas, Rus, Gato, Cobre, Gran-Piedra, et la plus élevée, la **Sierra-Maestra**. Plusieurs ont des formes très particulières. Le mont Yunque figure un trapèze ; la gorge de Yumuri est un effondrement à pic ; les côtes en falaises près de Baracoa et du cap Cruz imitent des escaliers ; et deux collines près de Santiago : la

Jesus-Maria rappelle une barrière, tandis que la Puerto-de-Boniato représente un massif à contreforts étroits et longs (forme orographique retrouvée souvent dans l'Est cubain). Tous ces monts supportent de nombreux arbres fruitiers, des bananiers, des cannes à sucre, du maïs, des caféiers et cacaoyers. Certaines parties rocheuses contiennent des grottes près de Guantanamo, de Gibara et de Baire. D'autres renferment des gisements de minerais : fer, manganèse, cuivre, zinc, plomb, charbon, asphalte, etc. Beaucoup forment des plaques volcaniques grises dites *dents de chien*. Le sol est extrêmement argilo-calcaire.

La population était en 1907 de 455,086 habitants dont environ 50 pour cent de couleur, comprenant quelques Indiens d'origine louisianaise et peut-être d'origine du temps colombien, enfin le reste en race blanche de souche espagnole ou française. Cette dernière partie a immigré, au siècle dernier, de Saint-Domingue, d'Haïti, de la Louisiane, au nombre de 6,000 personnes, réduites de nos jours à environ 1,000, plus 200 venues directement de France.

Cette province est en outre très intéressante, ayant été le théâtre des plus grands **événements historiques** : berceau national par Puerto-de-Palmas point d'atterrissage du conquérant Diego Velazquez ; champ de première exploration par Narvaez, où furent trouvés les premiers indigènes, massacrés, ainsi que leur chef Hatuey, malgré les supplications du missionnaire Las Casas ; enfin le noyau des premières divisions administratives, et l'emplacement des deux premières capitales, en

1512, Baracoa, et, en 1515, une seconde ayant
existé pendant deux siècles, et ayant formé en 1907
une agglomération de 45,470 âmes.

Elle se nomme en créole « Coube », en espagnol « Cuba », et en terme officiel **SANTIAGO**.
Cette ville est étagée sur les flancs d'une colline
haute de 75 mètres, qui domine une baie large de
4 kilomètres et longue de 8, entre beaux marais et
monts boisés ou dénudés striés de ravins. Ces sites
attrayants viennent coïncider avec les perspectives
des voies. Certaines rues, en pentes remplies d'ornières, sont bordées de maisons inégales à petites
fenêtres aux barreaux de bois. Ces pittoresques
rues San-Geronimo, Santa-Lucia, Sagarra, San-
German et San-Basileo, sont surpassées par des
rues principales Enramadas, Marina, San-Francisco, San-Felix, San-Pedro et Santo-Tomas, qui
ont leurs noms accompagnés d'indications de leur
partie haute ou de leur partie basse. Au temps
jadis, les immondices n'étaient entraînées que par
la pluie dans les ruisseaux ; aussi s'étaient-elles
amassées sur 216,659 mètres carrés, dont n'eurent
raison : qu'un brûlage par 160,000 litres de pétrole, qu'une désinfection par 18.000 litres d'acide
carbonique, 11,000 livres de chlorure de chaux,
un roulement mensuel de 3,000 charrettes et une
dépense par mois de 41,600 francs. Ces mesures
américaines ont établi une propreté extrême de
voirie, malgré la pénurie d'eau, à laquelle un nouvel aqueduc n'avait pas encore remédié à mon passage. Aux procédés américains sont en outre dues
des chaussées en asphalte résistant à la chaleur et
à la pluie. Ces rues modernes sont bordées de

magasins au clair crépissage et à larges ouvertures, de demeures éclairées par de grandes baies grillées, avec des salons charmants où résonnent souvent de gais accords de piano. Plusieurs squares jettent çà et là une note riante. Un principal, central, est orné de superbes lauriers d'Inde et de gros canons français des siècles passés.

Par crainte des tremblements de terre, les édifices ne sont pas élevés. L'hôtel de ville ne comprend qu'un rez-de-chaussée de forme carrée. La cathédrale est un long vaisseau couvert de tuiles, à peine rehaussé par un dôme à lanterne, et par deux tours surmontées de petites coupoles. Cette vaste église paraît encore plus écrasée sous un lourd crépi jaune et rose, crème et sucre par hasard imités, on dirait une pièce montée par un confiseur.

D'autres églises sont aussi de couleurs variées. Le rouge appartient à Santo-Tomas, le rose à San-Francisco, le rose à liseré blanc à Santa-Lucia, le violet à liseré rouge à Santa-Anna, le bleu à la Dolores, le mauve à la Cristo, la Salud, la Carmen, et le gris à la Trinidad.

La ville possède encore un grand hôpital et un musée d'histoire cubaine des plus intéressants. On y remarque : des objets ayant servi à des insurgés célèbres, des chaussures et des culottes curieuses en fibres végétales, jagua et guacacoa, un torpilleur miniature, une imprimerie portative de journal de l'armée libératrice, des portraits de prisonniers en Espagne, des débris de cuirassés espagnols, le crâne du chef Fernandez à Pitirre, des attributs royaux de Sa Majesté Congo en 1877, une pierre de Constitution datant de 1812, des costumes municipaux de cérémonie, un christ et des évangiles servant au serment des autorités, des curiosités préhistoriques trouvées à Guaso, Janco, et Catuco, près de Guantanamo, du Caney et de Gibara, des minéraux provinciaux et des plantes, des documents photographiques, ainsi que d'autres du sommet le plus élevé cubain, le Turquino. Ce musée est complété par une bibliothèque qui contient, entre autres, d'anciennes gazettes et un curieux acte de vente d'esclave livré : « âme en bouche et « os dans un sac », signifiant nègre « près de mourir » et « comme squelette », venu en 1817 à une époque triste, suivie d'une ère actuelle heureuse dont les bienfaits éclatent dans deux œuvres américaines :

Une école, la plus belle de l'île, aux murs de granit, et à distribution régulière, avec une véranda supérieure vitrée, a été édifiée ces dernières années, ayant coûté une somme de 390,000 fr. On y apprend les langues espagnole et anglaise, l'histoire et la géographie, les sciences, le dessin, la physiologie, la morale non compris la religion, l'hygiène, la gymnastique, la calisthénie, l'agriculture, le tout inculqué d'une manière objective.

Une autre école la complète, école moitié non payante et moitié payante, où on apprend les mêmes matières, auxquelles se joignent celles de l'industrie, du commerce ; avec la manière d'accueillir en affaires, de parler en public, d'exécuter le travail manuel, la cuisine, la tenue d'une maison. Tout cela est considéré comme passe-temps, et souvent agrémenté d'ouverture et de fermeture de classe avec des airs de violon. Une instruction aussi douce agit sur le corps et sur l'âme. Les élèves sont incités à former des groupes d'entraînement physique et militaire, à rédiger des journaux variés, et à se lancer dans les arts, la musique jouissant d'une faveur certaine.

Ce système scolaire, si particulier, est organisé d'après les idées de Catherine Tingley, grande directrice d'une maison-mère à Point-Loma, en presqu'île californienne. Cette institution, du nom indien « Raja Yoga », enseignant une sorte de religion très xx⁰ siècle, pouvait réussir comme succursale en parages cubains d'Orient, les plus libres d'idées, adoptant : l'anabaptisme, le méthodisme, le presbytérianisme, le spiritisme, la superstition, la sorcellerie, enfin la libre pensée !

Toutefois, la vieille religion catholique est encore prédominante. Elle ne s'est certes pas entièrement relevée d'une époque troublée insurrectionnelle encore récente, qui lui valait un clergé réduit et sans zèle ; mais, elle commence à bien se réveiller, depuis la déclaration d'indépendance de 1902 qui a prononcé la séparation de l'Eglise et de l'Etat, laissant agir de riches congrégations : jésuites, carmes, dominicains, franciscains, ursulines, clarisses, Sacré-Cœur, Sainte-Thérèse, Sainte-Catherine, Saint-Vincent-de-Paul, et Frères prêcheurs français. Finalement, les prêtres indigènes sont devenus plus dévoués ; néanmoins, ils n'atteignent pas encore un nombre suffisant. Mais par les efforts de l'archevêque Barnada et de cinq évêques, il y a renaissance de foi chrétienne. Deux séminaires se sont reconstitués à Santiago et à la Havane. Des pèlerinages se perpétuent : celui de la madone de la Candelaria et celui de la madone de la Caritad-

de-los-Remedios. Cette dernière vierge, couverte
de joyaux, est honorée dans une basilique ornée
d'ex-votos, d'un trésor, d'un maître-autel argenté,
qui embellissent le Cobre, gros village de
1,781 âmes.

Quoique métropole du catholicisme cubain,
Santiago est toutefois réputée comme très libérale à
cause de ses habitants d'origines très diverses. Déjà
ceux de race de couleur forment une cinquantaine
de cercles suivant la nuance de peau, les vues politiques, littéraires ou commerciales, avec de nombreuses soirées récréatives. Ceux de race blanche
forment six grands cercles suivant les nationalités,
les vues politiques, littéraires, commerciales, ou
goûts sportifs, avec bien des soirées musicales,
théâtrales et dansantes. Le *Nautico* et le *Philhar-
monica* prospèrent en étant composés de Cubains ;
le *Catalan* et le *Colonia*, aux salles et jardins
luxueux, sont très en vogue auprès des Espagnols;
l'*Union*, plus intime et plus gai, est aux Américains ; et un des importants de l'île, le *San-Carlos*,
confortable et très muni de livres et journaux pari-
siens, renferme bien des Français à l'accueil qui
m'a vraiment touché.

Jadis une grande immigration française, venue
pour cultiver les terres, a policé les mœurs de la
population ; auparavant, une colonie catalane avait
initié la population aux coutumes commerciales.
Aussi, remarque-t-on, de nombreux comptoirs
d'importation et d'exportation, banques, maisons
de rhum, bureaux d'armement, le long de la rue
Marina, la promenade Alameda, et le quai Alta-
Cristina.

Le port, le troisième comme importance, reçoit et envoie chaque semaine : deux vapeurs cubains desservant la Havane, un vapeur cubain et un anglais desservant la Jamaïque ; chaque quinzaine : un vapeur cubain desservant Haïti, et deux américains desservant les Etats-Unis ; trois fois par mois : deux vapeurs espagnols desservant l'Espagne, quelquefois des espagnols desservant Liverpool ; une fois par mois un vapeur français de la Compagnie générale Transatlantique. Aussi ce port, qui est en outre deuxième pour les importations, a été visité en 1906 par 2,078 navires de cabotage et de mer, entrés et sortis, jaugeant 3 millions 416,740 tonnes réparties dans une exportation de 21 millions 867,362 francs, et une importation de 42 millions 230,931 francs (total de transactions de 64 millions 98,293 francs). A mon passage, contrastait contre une exportation surtout de minerais fer, manganèse, cuivre, et modérée de sucre, cacao, cèdre, acajou, cire, tabac, miel, rhum, une importation grande de denrées alimentaires vins, tissus variés, machines, métaux ouvrés, produits chimiques et pharmaceutiques. Cette activité employait les services de deux câbles sous-marins, un anglais et un français, ce dernier excellant dans sa courte tranmission de New-York.

En parcourant la ville, on trouve encore un marché aux chevaux assez important, et un grand marché aux vivres où grouillent des gens de toutes couleurs, qui amènent leurs marchandises, en de curieuses charrettes triangulaires à châssis entoilés. L'ordre y règne grâce à une municipalité éclairée, digne de la ville qui a engendré le littérateur José Marie de Heredia.

Il est vrai que **Santiago** s'honore de bien d'autres gloires, car elle a joué un grand rôle historique. Une place de la Révolution, ornée d'une colonne surmontée d'un bonnet phrygien, en est déjà le symbole. Après trois faubourgs ou « entradas », nommés *Tivoli*, *Cobre* et *Caney*, ce dernier avec ses maisons originales composées de bois entrelacés simplement crépis, on débouche dans une campagne qui rappelle les combats qui ont décidé de l'indépendance cubaine.

La suprématie espagnole touchait à son heure dernière, car, l'armée qui la maintenait était très compromise par des circonstances néfastes. Ses soldats étaient mal accueillis dans les campagnes, plus favorables aux insurgés qui y trouvaient vivres et asile. Ceux-ci connaissaient mieux le pays, et savaient, selon le cas, attaquer ou se replier, en opérant un mouvement tournant qui assurait un succès final. Ces nationaux comblaient facilement les vides dans leurs rangs. Des troupes fraîches se transportaient rapidement vers l'Occident, que tenait Antonio Maceo ; tandis que leurs camarades demeuraient en Orient, qu'occupait Maximo Gomez. Ces volontaires, qu'une même solidarité animait, étaient intrépides, en se sentant soutenus par des contingents étrangers. Quinze mille Américains, soldats et sportsmen, commandés par le général Schafter et deux officiers principaux, Wood et Roosevelt, ce dernier devenu depuis président des Etats-Unis, ne pouvaient qu'entraîner cinq mille Cubains commandés par le général Calixto Garcia, à écraser les troupes espagnoles désemparées. Malgré leur position avantageuse, celles-ci furent incapables de se maintenir sur la colline de San-

Juan et au village du Caney, héroïquement défendu jusqu'à la mort par le général Vara del Rey. Presque en même temps, quelques vaisseaux espagnols d'une structure défectueuse, ayant été amenés à venir se ravitailler et à attendre des ordres dans la baie de Santiago, furent détruits, comme ils essayaient une sortie, par six cuirassés américains commandés par l'amiral Sampson. Du reste, pas plus leur stationnement, que leur départ, n'aurait pu empêcher la défaite de l'amiral Cervera et la reddition du général Torral, qui déterminaient l'écroulement de la domination plusieurs fois séculaire de l'Espagne.

Mais, comme pour faire oublier un si cruel dénoument, la nature a comblé de charmes ces champs de bataille. L'arbre, sous lequel fut signée la paix du 16 juillet 1898, encore criblé de balles, est couvert d'exquises frondaisons autour desquelles un parc ne serait pas déplacé. La colline de San-Juan domine agréablement de riantes prairies. Le Caney, gros village de 1,067 âmes, possède une église fraîchement peinte en gris, des maisons aux claires couleurs, avec des environs plantés des meilleurs arbres fruitiers de l'île. Là, habite un Indien plus que centenaire qui me contait sa fierté de descendre de la souche du temps colombien. Le fort Morro a ses murs bizarrément colorés, et des logements pour les soldats, annexes pimpantes groupées sur un plateau qui domine un ravin desséché et l'embouchure poétique du petit fleuve Aguadores. Dans les bois voisins, on trouve des quantités de crabes terrestres qui envahissent même le chemin.

Pourtant, le plus joli point du paysage, c'est

une route de 16 kilomètres qui passe entre deux vertes rangées de sureaux, remonte un **val enchanté** de villages, enfouis dans une végétation luxuriante : le riant Cuabitas avoisiné d'un massif de cocotiers qui penchent drôlement leurs cimes ; le plaisant Boniato que dominent de hardis palmiers royaux ; les gracieuses chaumières de San-Vicente auprès de ruisseaux qui se fraient passage entre de gros bambous ; la charmante retraite de Dolorita, près de Dos-Bocas au fouillis de végétations dont les excellents fruits se vendent au marché de Cristo, gros village de 1,316 âmes. Un chemin de fer de 20 kilomètres, se dirige vers Songo, gros village de 1,310 âmes perché de manière pittoresque, non loin de Maya, village en plaine, et d'environs en champs de café, de tabac, de cannes à sucre, en sucreries ruinées, et en bois trouvés vers la ferme California.

Il reste à parler des **mines**. La composition géologique de l'île est entièrement volcanique. Aussi, en 1907, **1,231 concessions** étaient accordées pour exploiter 93,098 hectares. Sur cette étendue, se trouvent des minerais nombreux dont les plus communs sont : le fer, le manganèse, le cuivre, le zinc, le plomb, le charbon, l'asphalte, l'amiante, l'aimant, l'antimoine, le marbre, l'argent, l'or, etc. Ceux qui donnent la meilleure moyenne sont : le fer tiré de 60 à 62 pour cent, le manganèse à 45 pour cent, et le cuivre à 20 pour cent. Les minerais sont souvent mêlés à d'autres matières ; néanmoins, aussi, ils se trouvent souvent à ciel ouvert, ce qui rend aisée l'extraction.

Autour de Santiago, s'affirme la plus grande

richesse minière, extraite de 857 concessions qui comprennent 72,667 hectares.

À mon passage.

À 28 et 40 kilomètres à l'Est, deux sociétés américaines tiraient du fer de deux points couvrant 540 hectares :

Juragua donnant par an 235,000 tonnes valant près de 1 million 850,000 francs.

Daïquiri donnant par an 493,000 tonnes valant près de 4 millions 100,000 francs.

À 20 kilomètres au Nord, deux autres sociétés américaines tiraient du manganèse de deux points couvrant 108 hectares : *Cristo* et *Ponupo*, donnant par an 26,352 tonnes valant près de 685,152 francs.

Et à 16 kilomètres à l'Ouest, une autre société américaine tirait du cuivre d'un point couvrant 169 hectares, le *Cobre*, qui donna 800 tonnes d'une valeur de 53,092 francs, comme ancienne affaire tout juste reprise, hélas ! dans une inondation, cause d'une grande catastrophe.

Malgré tout, l'industrie minière cubaine prospéra. Aussi l'année 1907 se signalait par une exportation de 3 millions 540,130 tonnes, valant 14 millions 646,408 francs, somme accrue encore en 1909, la production du fer ayant été déjà à elle seule de 1 million 437,242 tonnes, à cause d'une zone ferrugineuse nouvellement trouvée en province santiaguaise, susceptible de dépasser 10,000 hectares, qui sont estimés recéler 600 millions de tonnes !

Il ne manque plus, pour aider au développement minier, que l'amélioration du transport : remplacer mules et charrettes par le chemin de fer. De là dépend l'avenir de cette entreprise qui sera la plus lucrative de toutes.

Santiago est relié sans cesse avec un port voisin situé à 70 kilomètres, trajet que les bateaux effectuent en cinq heures. On parcourt d'abord la baie, bordée d'un hameau ombragé de cocotiers poétiques, non loin de l'îlot Ratones. Des collines boisées forment à gauche la pointe Gorda, les criques Gaspar, Nispero ; et, à droite, aussitôt après l'îlot Smith, la pointe fortifiée Socapa fait face aux forts Estrella et Morro, le dernier perché à 70 mètres, gardant un détroit large d'environ 200 mètres qui aboutit à la mer. Une navigation charmante vers l'Est fait découvrir : une falaise à crête plate, les petits ports Jiguaney et Daïquiri, les monts tourmentés Gato, **Gran-Piedra**, haut de 1,600 mètres, et Filipinas. Une baie étendue de 4 kilomètres, la Granadillo, précède 25 îlots, derrière lesquels se trouve une autre baie intérieure étendue de 18 kilomètres, qui baigne une campagne orientale fort attrayante.

GUANTANAMO est le centre principal de la colonie française, vivant en pays cubain depuis environ cent ans, figurée d'abord par bien des émigrés venus de Saint-Domingue, d'Haïti et de la Louisiane, pour cultiver en plaine la canne à sucre, et, sur les collines, 4 cacaoyères et 1,200 caféières. Ces exploitations ont été malheureusement abandonnées durant l'insurrection de 1868. Mais, dans ces premières années républicaines pacifiques, en 1907, un réveil a mené les champs de cacao à produire 9 millions 380,900 livres espagnoles de grains consommés dans le pays ; et un droit protecteur contre les cafés étrangers a mené les champs de café, devenus déjà au nombre de 1,411, à produire

6 millions 595,700 livres espagnoles de grains consommés dans le pays, et marchant hardiment vers la situation de l'année 1846 aux 2,328 caféières, qui produisaient 50 millions de livres espagnoles de café représentant la plus grande exploitation cubaine.

Actuellement, des cultivateurs parlant le patois martiniquais, sont à travailler pour le compte de nouveaux capitalistes français. A mon passage, aussi, se remuaient des Américains des Etats-Unis. Ils venaient de souscrire plus de 2 millions 1/2 de francs d'actions, et 260,000 francs d'obligations hypothécaires. Ils venaient de construire, avec 10 millions de francs, le port de Boqueron et des lignes de pénétration. Et, bien mieux, un groupe de ces Américains venait d'acquérir pour 520,000 francs, 20,250 hectares destinés à des exploitations agricoles protégées par une station navale américaine Playa-del-Este, établie avec 62 millions de francs pour abriter 70 vaisseaux de guerre.

Les spéculations de cultures hantent aussi d'autres étrangers. Pour conduire aux acquisitions du sol, s'offrent deux lignes de navigation et de chemins de fer. Je vis neuf sucreries qui marchaient, appartenant à divers nationaux en vive concurrence : Cubains, Anglais, Espagnols et Français cherchant louablement à refaire l'ancienne prépondérance de leur patrie.

La région a encore comme premier port recevant parfois certains jours cinq bateaux, Caïmanera, qui est en outre une station balnéaire ainsi qu'un village de 500 âmes. De là, part un chemin de fer de 20 kilomètres, qui franchit des petits bois jusqu'à une petite ville de 14,559 âmes.

Guantanamo a de larges rues droites, une grande place éclairée par trente grosses lanternes, bien des magasins d'approvisionnements et des marchands colporteurs. On s'y montre fier d'avoir été des premiers à combattre pour l'indépendance. Sa population gracieuse fait tout pour aider une excursion à cheval en des environs agréables.

Un guide d'origine anglaise, Magin Wilson, ancien insurgé, s'étant signalé par plusieurs faits d'armes, me fut recommandé.

Le premier jour, je parcourai la plaine aux champs de cannes ; je visitai une sucrerie, *Santa-Maria*, joignant à sa fabrication une préparation d'alcool, de rhum, de vin, même de cognac. Puis, vinrent des terres ondulées, plantées d'aloès et de bois jusqu'à la ferme San-Vicente. Au 10ᵉ kilomètre, j'entrai dans **Jamaïque**, gros village expéditeur de sucre, de 1,490 âmes.

Le deuxième jour, je m'acheminai sur des terres plus ondulées portant une sucrerie française, *Sainte-Cécile*, une autre, *Romélie*, avec des employés français dont la gaîté me frappa. Au 10ᵉ kilomètre, j'arrivai à la sucrerie française, *San-Antonio*, qui exploite des mamelons accusés, parfaits d'exposition et de drainage, ainsi qu'exportant aisément leurs récoltes par un port voisin, Manati.

Le troisième jour, je traversai des bois, un hameau, Sigual ; j'attaquai des lacets escarpés, le **col de Piedra**, à 800 mètres ; je descendais un ravin comblé de végétations, contenant deux fermes de café basquaises, *San-Luis* et *Guira*. J'affrontai un versant collineux étageant trois autres fermes de café, une bordelaise, une béarnaise, une basquaise : *Sorpresa*, *Diamante* et *Bellevue*. Cette dernière, de 234 hectares, compte 300,000 pieds produisant 300 quintaux. Là, au 10ᵉ kilomètre, je dominai, à 500 mètres, une plaine riante jusqu'à la mer, et les collines tourmentées de Yateras, occupées par plusieurs familles indiennes originaires de la Louisiane.

Le quatrième jour, je m'approvisionnai d'un cochon de lait et de fruits pour traverser des parages difficiles. Je rencontrai un plateau broussailleux avec les ruines d'une fabrique de café, Hilario, un sol raboteux couvert d'arbres canne''rs, une descente raide à travers des rocs abrupts entre deux hautes futaies verdoyantes.

Au 8ᵉ kilomètre, grotte de 650 pas de profondeur, par intermittence à ciel ouvert, puis obscurité entière. On y voit comme des modelages dans la glaise, une niche, un roc imitant une tête, et une salle à colonnes.

Après cet antre nommé Libano [1], ses parages montueux appelés Rus [1] exposent, comme autres sites, des touffes boisées, des terres abandonnées, une gorge fertile en palmiers, la Piedra, une rivière située dans un curieux étranglement de roches dit **Passage de la Nymphe**, où est la tête d'un aqueduc construit par les Américains. Ensuite viennent le village de Guaso, une plaine à champs de cannes, des sucreries, *Esperanza* et *San-Miguel*, enfin la rivière Bano, passée à la nuit tombante, par un gué où je subis une immersion complète, dont je ne pus réparer les dégâts qu'au 30ᵉ kilomètre, à Guantanamo.

Là, je me réfugiai chez un photographe en train

1. Noms incertains dans une région aux désignations géographiques multiples.

par hasard d'exercer la musique des pompiers à jouer la *Marseillaise*, que j'appréciai absolument comme si ce bel hymne était une démonstration faite en mon honneur.

Les terres guantanamiennes sont neuves, très profondes, argileuses légèrement ferrugineuses ; celles des coteaux sont encore plus neuves, très calcaires ou argilo-sablonneuses, favorisées de pluies fréquentes, d'un climat tempéré comptant même des brouillards de décembre à mars.

Aussi, la plaine produit de la canne à sucre, rendant en moyenne, aux 13 hectares 1/2, 1 million 155,000 kilos, et par hectare, 100 tonnes et plus de 11 pour cent de son poids. D'un autre côté, les collines produiraient bien plus **le café**, si on espaçait les pieds. Ceux-ci, taillés tous les deux ans, indemniseraient d'un entretien coûteux, par une vente à 93 fr. 60 les 46 kilos (1), laissant un bénéfice net de 62 fr. 40. **Le cacao**, abrité par des bananiers, n'exigerait que des frais de culture insignifiants, pour arriver à donner par semestre et par pied 250 à 500 gousses. La vente à 52 francs les 46 kilos, laisse un bénéfice net de 41 fr. 60. Ces plaines et ces collines qui peuvent produire, sans engrais ni repos, parfois durant trente années, sont achetées très bon marché, 520 francs à 5,200 francs les 13 hectares 1/2. Elles pourraient encore produire des fruits, des bois, etc., car la région guantanamienne aurait bien des débouchés, ayant une situation propice près de la mer, avantage qui fait souvent défaut aux régions productrices.

1. Cette mesure correspond à l'unité de poids cubaine, le quintal de 4 arrobes de 11 kilos 500.

CHAPITRE HUITIÈME

La dernière province cubaine possède d'autres régions très belles, dont : trois d'un accès aisé, une d'un abord moins facile, enfin une d'une approche très difficile.

En dix heures de navigation, on franchit 222 kilomètres le long d'une côte dont le niveau décline jusqu'au cap Maïsi à l'extrême Est ; puis il se relève à l'Ouest, coupé par une gorge profonde, exprimé par une ligne montueuse s'infléchissant en de jolies baies et par une colline en gradins couverts de palmiers royaux. Enfin, on arrive à un cirque de cocotiers entourant un port, celui d'un bourg de 5,633 âmes :

Baracoa est l'ancienne Asuncion, ville surgie en 1512, la première créée dans le pays, restée quelque temps capitale, enfin lieu de débarquement du Cubain Estrampes dans une tentative d'insurrection. Mais elle ne rappelle en rien son passé. Ses trois quartiers, y compris Playa pittoresque au bord de l'eau, n'offrent que des constructions militaires plutôt récentes, des maisons commerciales et industrielles où s'exploitent le cocotier et le bananier.

Aux environs, croît **le cocotier** qui rend une quantité et un prix surpassant de 50 pour cent ceux du même arbre ailleurs dans l'île. Il est très abondant, presque à l'état sauvage, sans frais d'entretien, donnant dès quatre ou cinq ans une noix très bonne, très grosse et tendre quoique épaisse. Elle se récolte en quantité suffisante au printemps, et en quantité abondante en d'autres saisons. Chaque année, un pied produit environ 2 fr. 50, donne environ 70 fruits. Quelques domaines donnent environ 100,000 fruits. Huit à dix voiliers emportent un total mensuel de 2 millions 1/2 de fruits ; et cent vingt voiliers, un total annuel de 30 millions de fruits d'une valeur d'environ 1 million 500,000 francs, somme presque totale du rendement général cubain. Cette production de 1904 a été suivie d'une amoindrie par des fléaux, qui ne s'est pourtant pas abaissée à valoir en dessous de 910,000 francs. Cette exportation de 1907 occupait cinq maisons de commerce ; l'une annexée d'une usine où les premiers et seconds résidus laiteux remplissent des caisses de fermentation, des centrifuges chauffés, des sacs pressés, faisant du coprah envoyé aux fabriques de graisse et de savon.

Un peu plus loin, croît **le bananier** très abondant, presque à l'état sauvage et sans frais d'entretien. Il fournit des produits employés comme fruits et légumes. Il ne se récolte pas toute l'année, mais nécessite quatre mois de cueillette importante. Cette plante donne 24,000 régimes aux 13 hectares 1/2. Quelques domaines donnent environ 100,000 régimes. Seize vapeurs emportent un total mensuel de 8 millions de régimes ; et cinquante vapeurs, un total annuel de 25 millions de régimes, appoint raisonnable aux 51 millions 656,301 kilos valant 6 millions 13,753 francs... somme du rendement général cubain. Cette exportation de 1907 était entreprise par deux sociétés, dont une affrétait six vapeurs suédois et norvégiens. Un de ces steamers navigue durant une heure et demie vers l'extrême orient cubain, où est Sabana, localité jadis ravagée par l'insurrection, mais en train de se relever par une moisson bananière annuelle de 2 millions de régimes, qui sont transportés par deux funiculaires longs de 350 et de 3,000 mètres s'inclinant vers l'abîme de la **rivière Yumuri**.

Après cette belle **gorge** qui débouche au petit port de Boruga, je partis à cheval prêté par un aimable propriétaire espagnol. Une campagne des plus jolies qui soient à Cuba développait ses charmes pittoresques. Un sentier, suivant le rivage marin, contourne des verdures sauvages et des falaises escarpées. Puis, c'est une longue plage de sable fin, deux hameaux bien ennichés dans le feuillage, Barigua et Bariguita, des buissons de faux ananas, de nombreux arbres fruitiers, un roc colossal, le coquet village de Guandao, un vallon de cocotiers, la gracieuse baie de Mata suivie d'un bois en amphithéâtre, la colline massive de Cayo-Boruco tapissée d'herbes et plantée de palmiers royaux laissant

entre eux voir de riantes perpectives. Voici encore
des arbres fruitiers, touffus, cachant des chaumières, l'exquise baie de Boma cernée d'épaisses
frondaisons, formée de renfoncements irréguliers,
entre autres celui de Robles, le plateau allongé de
Majayara avec de nombreuses et riantes fermes,
puis une pente raide dévalant par lacets raboteux
vers l'estuaire Boca de Mielo, et une baie où se ter-
mine une chevauchée de 30 kilomètres à 10 heures
du soir. Malheureusement, le ciel ne s'agrémentait
pas cette nuit de la « luz de Yara », feu follet qui
s'offre parfois en ces parages, et permet d'entrevoir
vaguement un sommet calcaire de 900 mètres, af-
fectant la forme rigoureuse d'un trapèze. Cette silhouette extraordinairement originale est **le mont
Yunque.**

Baracoa s'étend à ses pieds. De ce bourg, en
sept heures de navigation, on parcourt 166 kilomètres vers l'Ouest, le long de fortes collines, d'une
baie avec cinq îlots près du gros village de
1,222 âmes de Sagua-Tanamo, d'une seconde baie
en deux parties : Cabonico et Levisa, et de la presqu'île forestière Entresaco qui précède un site gran-
diose :

C'est la **Baie de Nipe,** large de 10 kilomètres
et longue de 25. On y pénètre par un goulet. On la
traverse en une heure et demie, entre sa rive gauche
avec les embouchures des rivières Cajimaya, Juan
Vicente, Tacajo et la vaste colline Mayari, et la rive
droite avec les pointes boisées Salinita, Salina, Antilla. Ce bassin naturel, un des plus beaux du
monde, profond de 24 à 40 et jusqu'à 200 pieds,

sert depuis peu de point d'arrivée à des produits utiles venant des ports américains, et de départ à des produits envoyés par l'Orient cubain. En 1906, ont commencé à fréquenter 451 navires de cabotage et de mer jaugeant 292,095 tonnes réparties dans un total de transactions de 4 millions 701,272 francs, constitué par une importation de 3 millions 102,803 francs et une exportation de 1 million 598,469 fr.

Cette dernière opération d'articles cubains, vite dirigés aux Etats-Unis par trois lignes de vapeurs, a attiré de gros capitalistes dans la région de Nipe très rémunératrice. Ils y réussissent quand des premiers colons y ont perdu 5 millions de francs. C'étaient des Français venus trop tôt.

En revanche, ce sont des Français originaires de la Louisiane, qui, maintenant, y récoltent des profits. Les « Dumois frères et fils » ont fait preuve d'une grande persévérance. Ils exploitaient d'abord 4,050 hectares. Ils tiraient si bien parti de la vente de ce bien et d'une sucrerie, cédés à 15 millions 1/2 de francs, qu'ils ont pu acquérir récemment 15,000 hectares ; c'est une vraie colonie étendue des hauteurs de Bijaru à celles de Cristal, qui présente déjà 6,140 hectares travaillés en trois propriétés : Saetia, Ramon, Tacajo.

La première propriété, *Saetia*, la mieux placée, quartier général avec une belle habitation à belvédère et de commodes dépendances, est la plus étendue sur une grande péninsule mi-partie plaine et mi-partie plateau terminé par une forêt. Tout en jouissant de douces perspectives sur la mer et sur des baies, on peut admirer les plantations d'un million d'ananas et d'un million de bananiers. Ces der-

niers sont merveilleux : ils surgirent en ces dernières années après un défrichement forestier qui
avait duré à peine six mois. Cette magnifique plantation, coupée de belles avenues, est le résultat
d'une dépense de plus de 4 millions de francs, grâce
à laquelle on a pu enfouir de bonnes boutures d'anciennes racines, chacune produisant de 5 à 6 pieds.
Ces groupes, espacés de six mètres, bien sarclés,
donnent dès la première année 5 à 6 régimes, et,
durant huit à dix ans, par an de 15 à 24 régimes.
Aussi, la récolte de mars à août exige par jour
180 ouvriers, 35 charrettes transportant, en cinq
reprises, 10,500 régimes qu'on charge à douze petits embarcadères sur voiliers et petits vapeurs
transbordant vers un navire d'exportation.

La deuxième propriété, *Ramon*, placée dans le
voisinage, s'étend aussi sur une péninsule d'une
certaine longueur et couverte de bananiers.

Enfin, la troisième propriété, *Tacajo*, placée
dans l'Ouest, occupe une longue plaine couverte de
bananiers, orangers, caféiers, cacaoyers, coton,
riz et cannes, qui devaient être broyées dans une
belle sucrerie.

La prospérité de « la Dumois Nipe Bay C° »
devait entraîner des sociétés concurrentes. Une
d'elles, dite « Cuba », a acquis 4,050 hectares pour
être vendus à raison de 77 francs chacun, à de petits
propriétaires. Enfin, une plus puissante au capital
qui a atteint en huit ans seulement, 150 millions,
« l'United Fruit », a acquis 54,000 hectares.

Cette vraie souveraineté compte déjà une grande
étendue cultivée. Des parties fournissent assez de
cannes pour donner annuellement 180,000 sacs trai-

tés dans une jolie sucrerie, *Boston*. On y récoltera
sous peu une masse énorme de cannes rendant
500,000 sacs sortant de *la plus grande sucrerie
cubaine projetée*. D'autres parties fournissent assez
de bananes pour remplir par-jour 7 trains de
40 wagons de 12,000 régimes, et par semaine de
588,000 régimes, 7 bateaux plus 4 navires loués
régulièrement et 14 navires affrétés facultativement
sous pavillons anglais et scandinave, et ce chiffre
s'accroît sans cesse à cause de la consommation
grandissante des Etats-Unis.

On ne s'étonne pas de voir prospérer là trois
sociétés semblables, étant donné la richesse du sol,
calcaire profond, argileux noir ou rouge, parfois
sablonneux, trop vite humecté, ce qui est bien
incommode pour le charroi des récoltes. Mais, des
communications plus fermes feront, de cette région, une véritable terre promise.

La région Nipéenne renferme encore une
seconde baie, à l'ouverture tortueuse, large de
3 kilomètres et longue de 10. **Banes**, un bourg du
même nom, de 3,788 âmes, est agréablement bâti,
avec une église à la fois sanctuaire-école-atelier-
presbytère, par l'énergie d'un R. Père français. Sa
situation est au bas d'une colline dominant une
plaine verdoyante. En outre, on découvre les cocotiers de Torontera, les marais de Macabi, d'immenses champs de cannes, bananes et un bois
coupé d'une belle avenue... le tout est échelonné
le long d'une voie ferrée privée de 25 kilomètres
parcourus en wagonnet dit *cygogne* mû à force de
bras. Enfin, partant d'un point appelé Dumois,
s'étend une belle forêt, que tranche, en avenue su-

perbe, une voie ferrée publique de 42 kilomètres aboutissant à Alto-Cedro. Ces travaux nécessitèrent de nombreux trains de ballast amenés par une locomotive qui a laissé un souvenir impérissable d'antiquité sous le nom de « la Marotte ».

Des baies de Nipe et de Banes, en six heures de navigation, on fait 148 kilomètres vers l'Ouest, le long d'une côte plate, caractérisée seulement par la pointe et le phare de Lucrecia, et par un port de pêche et d'envoi de céréales, de fruits, qui est celui d'une petite ville créée en 1823, de 6,170 âmes.

Gibara, située loin des foyers d'insurrection, est d'un aspect heureux, avec ses rues bien bâties et son église massive à deux tours. Aux environs, se trouve une grotte longue de 200 pas, ayant une dizaine de salles assez sculptées, et qui se prolonge sur des kilomètres en voûte recouvrant une petite rivière. Là, aussi, s'érige une colline à la cime hardie, nommée **la Silla**.

Un train original, transportant à la fois bêtes et gens à des prix très variés, suit une voie ferrée de 36 kilomètres, où l'on remarque l'unique tunnel cubain, la rivière Cacayuguin, diverses cultures, des étendues d'herbes fanées, des collines, des tranchées, peu de villages parmi lesquels Cantimplora, faisant valoir une petite ville créée en 1751, de 7,592 âmes.

Holguin a été assez mêlée à l'histoire, ayant pris parti de bonne heure pour l'insurrection, et étant proche d'un glorieux champ de bataille de Calixto-Garcia et du point de départ du grand Maceo. Ses rues sont longues et uniformes. Auprès, la colline bombée de **Cerro** possède une croix visitée par un pèlerinage annuel.

Une autre voie ferrée de 18 kilomètres parcourt une steppe de palmiers divers, traverse une rivière San-Pedro, et atteint Cacocum qui est relié, par le grand chemin de fer central, avec Santiago.

Mais, voici une excursion vers le Sud-Ouest, qui exige sept jours de plus grandes fatigues.

D'abord, dès la première nuit, on longe en mer une côte très peu habitée aux deux seules agglomérations d'Asserradero et de Guama, et comptant comme seules irrégularités les pointes Cabrera, Sebilla, l'*îlot Damas*, et des épaves de vaisseaux de guerre coulés. A l'aube, la côte devient de plus en plus montueuse, continue. Le soleil fait ressortir de grands ravins et de grands mamelons couverts d'une végétation vierge. Les sommets les plus altiers de l'île se succèdent ; ils mesurent de 5,200 à 7,500 pieds. Cette chaîne **Sierra Maestra** s'étend sur une longueur de 175 kilomètres possédée par rien que douze propriétaires ; les 75 kilomètres les plus retirés n'appartenant qu'à quatre possesseurs. Son arête se partage en trois régions : une centrale, la Cobre et la Toro. Cette dernière occidentale, comprend deux pointes curieuses : Goleta et Mota, une baie encadrée de palmiers et deux autres exportatrices de bois.. minerais.. sucre nommées Plata et Pilon, des falaises à gradins rocheux s'abaissant insensiblement jusqu'au village pêcheur et au phare du **Cap Cruz.** La journée s'achève sur des eaux peu profondes qui baignent les *îlots Balandras* et *Buey* dans le golfe de Guacanayabo. Son

rivage délimite une plaine boisée et des exploitations sucrières. Là, prend fin une traversée de
20 heures et un trajet de 302 kilomètres.

On atteint un port d'où s'expédient par mois
deux vapeurs et vingt voiliers chargés de sucre,
de tabac, de bois de cèdre et d'acajou. Cette dernière exportation se chiffre par an à 6 millions de
pieds d'une valeur de un million de francs.
Ce port est celui de **Manzanillo**, ville créée en
1833, peuplée en 1907 de 15.819 âmes parée d'une
grande place et de belles rues ravinées par les
averses ; elles sont bordées de hauts trottoirs soutenus par des poteaux, des tuyaux ou des pièces de
canons. Les maisons du faubourg sont en chaume.
On voit encore un sanatorium bien tenu, une usine
électrique, un aqueduc et une voie ferrée, entreprises de deux riches habitants. Un aimable journaliste me mena visiter le commandant Mendoza,
m'apprenant qu'ici des officiers complotèrent la
dernière insurrection dès le 22 février 1895. Le
général Masó s'immortalisa en offrant sa fortune et
sa personne à son pays qui ne put en profiter, car
une intervention américaine imposa le président de
la République Palma. Le candidat populaire évincé
termina noblement sa vie dans une chaumière.
Sauf cette touchante retraite de Jaguita et deux
localités voisines : Blanquizal et Caño sur la rivière
Yara, la vaste campagne environnante est fort peu
visitée.

Après trois heures de mer, un petit vapeur me
fait entrer dans un estuaire et suivre une voie flu-
viale, auprès de laquelle se font remarquer les sta-

tions de Punta, Guamito et Guamo. Des rives basses, aux berges verticales, sont bordées de prés ou de buissons surmontés d'arbres bizarres : palmiers royaux aux troncs rouges; jucaros aux fûts blancs, ceibas avec plantes parasites et laine végétale. Des futaies se dressent aux courbes de Corralito et de Torno-el-Muerto, sites les plus pittoresques du cours inférieur du principal fleuve cubain, le Cauto, qui reçoit cinq affluents jusqu'à sa source située en amont à 250 kilomètres. Au 88°, son cours est resserré entre des berges hautes de 20 mètres, sur lesquelles on remarque un ferme près d'un arbre énorme, et un village de chaume, Embarcadero, avec maison d'alcalde pourvue d'oiseaux qui m'égayèrent durant ma seule indisposition ressentie dans tout mon séjour cubain.

Cet endroit était le point de départ d'une longue promenade à cheval.

Les 28 premiers kilomètres, je traversai des cirques d'arbres qui, successivement, semblaient se refermer sur mes pas ; je poursuivais dans des savanes marécageuses avec des massifs de palmiers semés çà et là, dans un bois, Jucaral ; et je dépassai des cases d'indigènes cultivant un plateau qui soudain s'affaisse en ravin où coule une rivière dominée par une curieuse localité :

Bayamo, datant de 1513, deuxième ville créée dans le pays, est bien déchue de son antique splendeur : de 10,000, elle tombait en 1904 à 3,000 et en 1907 à 4,102 âmes. Florissante au dix-neuvième siècle par son commerce de bétail et de sucre, elle compte des propriétaires réputés, tel qu'Aguilera, des célébrités : les avocats Acosta et Maceo, l'auteur de l'hymne national, Figueredo, le président Palma et le héros patriote Cespedes. Ce dernier dirigea la grande insurection contre les Espagnols chassés le 21 octobre 1868, rentrés le 15 janvier 1869 dans cette ville qui fut incendiée et qui gardait encore, à mon passage, les traces de la dévastation. Partout, des murs croulants, des ronces et des barreaux rouillés, puis les vagues indices de sept églises. La principale avait son clocher surmonté d'une étrange cabane, ancien poste de télégraphie optique. On remarquait aussi de vieilles casernes, deux fortins et vingt-cinq blockhaus environnants. Ces apparences rébarbatives devaient cesser grâce à une ère pacifique permettant le retour des maisons commerçantes. Telles sont les prévisions qu'émettait un bon alcalde achevant l'explication de sa ville dans un square touffu, dit de la Révolution, près duquel est un cercle dont les membres aimables me reçurent avec un excellent champagne.

Sur 28 seconds kilomètres, je trouvai une plaine parsemée d'arbres et arrosée par la rivière Cautillo, des ondulations boisées, un hameau propret en chaume, Santa-Rita, des cultures d'orangers, de cocos, de maïs, de tabac, étendues jusqu'à un petit plateau où est campé le village de Jiguani, peuplé de 1,362 âmes. La population comprend quelques Indiens, originaires de la Louisiane. Les maisons sont ruinées par l'insurrection de 1868. Une colline domine des environs où on s'adonne à l'élevage de 14,000 têtes de bétail en des pâturages aux trois quarts propriété municipale.

Remerciant l'alcalde d'avoir racheté sa localité rudimentaire, en me donnant sa maison pour hôtellerie, je continuai ma route mâlaisément, parce que, ne trouvant pas de monture, je dus exécuter à pied 12 kilomètres à travers des ruisseaux, un sol raboteux, un val Cruz-del-Yarey, et des terres ondulées avec cultures de maïs, tabac, cannes, appartenant aux fermes Piedra de Oro, Granisso, Salada.

Baire est un village déchu : de 3,000, il tombait en 1904 à 600 âmes et en 1907 à 1,000 âmes. Son rang est, en revanche, très haut dans l'histoire de l'indépendance cubaine. Le 24 février 1895, 400 hommes se soulèvent à l'appel du commandant Lora. Comme autres célébrités figurent le général Rabi, comblé d'une nombreuse famille, et l'alcalde Llopis. Ces parages fertiles en tabac, café, cacao, recèlent du manganèse et du fer. A noter aussi la belle grotte de Pepû.

Remerciant le juge municipal d'avoir racheté sa localité rudimentaire en me donnant sa maison pour hôtellerie, je continuai ma route très difficilement, parce que, ne trouvant pas encore de monture, même avec des habitants en cherchant toute une après-midi, je dus entreprendre à pied 32 kilomètres dans les ornières d'une région perdue : bas-fonds avec nombreux orangers et palmiers aux fermes de Jaguey et de Ratonera, plateau avec palmiers nains et herbages près de la ferme Jativa, gorge tortueuse contenant la rivière Maibiu, sol ondulé et mi-boisé jusqu'à la ferme San-Fernando. Alors, s'offre le val régulier de la belle **rivière Contra-Maestre.** Après, on trouve des mamelons aux bois épais interrompus à peine aux fermes Mantonia et de Laja, aux rivières Purial et Guaninao, à la gentille clairière de Cruces et au joli cirque d'herbages d'Aguacate.

En ce riant hameau aux chaumières semées comme des jouets, j'enfourchai une haridelle qui me permettait de parcourir 20 kilomètres à travers des collines boisées de hautes futaies, ou bien cultivées en bananes et café, deux villages : Arroyo-Blanco et San-José, et une colline allongée en arête, l'Oscuro, dominant deux des plus beaux sites cubains : de vertes plaines étendues jusqu'aux monts Gato, Dulce-Nombre, et Mayari. Enfin, une pente conduit jusqu'à la gorge du fleuve Cauto supérieur, entre des berges qui s'élèvent à 50 mètres et qui sont surmontées d'un bourg de 2,333 âmes.

Palma Soriano est un lieu où on peut vraiment réparer des forces affaiblies par un dur itinéraire... nombreux magasins d'approvisionnements, restaurants, traitant parfaitement, surtout moi qui étais recommandé par l'alcalde. Citons encore une église provisoire en chaume avec un orgue minuscule, un cimetière fleuri avec une annexe renfermant une salle d'autopsie, un abattoir, un aqueduc et une imprimerie avec un journal qui se fait avec rien que dix francs pour servir 150 abonnés. Ce bourg abrita longtemps des familles espagnoles qui auraient voulu avoir une voie ferrée pour remplacer les caravanes. Mais encore, à mon passage, 600 chevaux et 2,000 mules transportaient les marchandises à travers de mauvais chemins.

Durant 20 derniers kilomètres, je m'enlisai dans de dernières ornières. Je traversai un hameau sur une pente pittoresque, Concepcion, une vallée avec exploitation sucrière française *Hatillo*, deux ravins ombreux arrosés de ruisseaux ; et je descendais vers un bourg de 3,441 âmes, **San-Luis,** assez prospère en sucreries envoyeuses de leur production par rail à Santiago.

Après une excursion de 140 kilomètres parcourus à cheval et à pied, entremêlés de péripéties, restait une excursion encore plus intéressante. Il s'agissait d'atteindre le point le plus élevé, le moins connu et le moins accessible de toute île : **le Mont Turquino**.

Bien que sa base ne fût distante que de 100 kilomètres, mille difficultés entravaient mon départ. Malgré mes demandes par des amis et des annonces de journaux, je ne trouvais aucun moyen de transport. Les seuls modes de locomotion, cheval ou bateau, étaient compromis par une saison pluvieuse au début précoce. Aussi, rien n'était offert, et tout le monde renvoyait ses services à demain « Mañana » !

Enfin, après un mois d'attente, un marin nommé Martinez acceptait de m'emmener, espérant profiter de l'occasion pour faire la pêche des tortues.

Je quittai la baie de Santiago et l'*îlot Smith* renfermant un curieux musée maritime. Je partis dans une barque de quatre tonneaux, à deux mâts, l' « Esperanza », accompagnée d'une petite allége. Sept heures du soir annonçaient l'entrée d'une nuit noire : la mer était peu sûre. Ce fut d'abord un vent violent auquel succéda un calme désespérant. Après 18 heures de navigation à la rame, j'arrivai à un petit estuaire fluvial. Je débarquai et laissai mon pêcheur à sa pêche. Sur terre ferme, en bas de la montagne, je n'enrôlai nullement l'habitant d'une unique chaumière ; cet homme âgé semblait d'ailleurs décliner son concours, parce que des liens le retenaient à une petite mulâtresse. Je devais marcher quatre lieues vers les Cuevas pour prendre deux frères Torre qui me paraissaient des compagnons plus qualifiés pour gagner les cases d'Ocujal, et effectuer l'ascension en pleine forêt vierge.

Le premier jour... par 28 degrés de chaleur, à 8 heures du matin, je suivis la mer dans des bois peu fourrés, traversant une embouchure de lit de gros cailloux de torrent impétueux, le Potrerillo, et frôlant des tiges graciles aux cimes gracieusement penchées de palmiers juraguanas. J'entrai dans les terres pour remonter le torrent paresseux, le Dian, dont le cours est encaissé entre de gros rocs, tellement entassés les uns sur les autres, qu'il ne reste plus qu'une fissure où passe la chute d'eau. A midi nous étions sur un premier mamelon conique, à 320 mètres, avec 25 degrés. Après déjeuner, j'attaquai des pentes très montantes ou très descendantes, je remontai un lit de ruisseau à sec, j'assaillis un long versant rapide pour arriver sur un deuxième mamelon conique, à 650 mètres, avec 20 degrés, à 6 heures du soir. Une marche d'environ 10 kilomètres avait causé une fatigue qui commençait à se réparer dans un dîner substantiel, mais ne pouvait entièrement cesser dans un sommeil interrompu par une pluie diluvienne, forçant à un séchage devant un feu qui pétillait encore à l'aube.

Le deuxième jour... par 18 degrés, à 7 heures du matin, j'abordai un troisième mamelon conique surmonté d'un grand pin ; et j'arrivai sur un quatrième mamelon au sommet aplati, à 900 mètres, nommé Cabeza-de-las-Cuevas, remarquable par un gros rocher, une mare, et un grand arbre *jaguey*. Au-dessus, j'entrai dans la zône nuageuse où la végétation devient de plus en plus inextricable. Je passai à travers des épines, *zarzas* ou *ajuas*, des fougères, au milieu d'arbres assez gros *barriles*, debout ou renversés pêle-mêle. Ce chaos m'entraînait à une vraie gymnastique qui se continuait dans de petits arbres croissant désormais seuls sur une arête montante ne s'élargissant jamais à plus de 2 à 3 mètres et s'allongeant sans cesse en pentes dures formant des bonds successifs. Ainsi, je dépassai trois nouveaux mamelons coniques, dont un, le Picacho, est à 1,190 mètres. Un huitième mamelon conique rocheux, portant des aloès, était suivi d'un point à 1,260 mètres, avec 17 degrés, à onze heures, curieux par deux rocs coiffés d'un troisième en faux air de dolmen. Au sortir de cet abri, après déjeuner, je peinai à contourner une grosse roche et une souche de travers. Je pataugeai dans la boue et glissai sur de la mousse. Je rampai sous des broussailles, mouillé par les fougères qui fouettaient mes vêtements, jusqu'à ce qu'une marche d'environ 6 kilomètres s'arrêtât à une altitude de 1,620 mètres, avec 14 degrés, à 3 heures du soir.

Nous improvisions un campement sur une corniche inclinée, à peine large d'un mètre, entre une paroi rocheuse ruisselante d'eau et un abîme plein d'arbustes constamment agités par les rafales. Nos essais duraient assez pour obtenir un centre de gravité qui assurait notre immobilité. Près d'un maigre feu ne brûlant pas et ne fumant qu'à peine, nous mangions sans goût et n'avions aucun sommeil, empêché malheureusement par nos plaintes qui entrecoupaient une nuit sans fin.

Le troisième jour... par 13 degrés, à 7 heures du matin, j'affrontai des buissons de petites lianes à nœuds et feuilles piquantes, *tibisi*, puis je grimpai une pente presque verticale haute de vingt mètres. Ne pouvant me hisser par les mains qui auraient été piquées par des plantes grasses, je donnai uniquement des pieds sur de rares mottes de terre pour me jucher sur une crête broussailleuse et atteindre un neuvième mamelon au sommet aplati couvert d'un fouillis d'arbustes, à 1,725 mètres, avec 11 degrés, à 8 heures du matin.

Ce **Pico-Primero** et un **Pico-Segundo** n'offraient pas le but final. Je continuai, descendant à pic entre de hautes fougères. J'entraînai avec vigueur mes compagnons. Malgré des vivres, de l'eau, et même du rhum de temps en temps, ces gens des tropiques souffraient du froid et surtout de l'humidité. Toute la verdure environnante était si trempée, qu'elle me semblait une forêt sous-marine. Nos vêtements collés à notre peau nous donnaient l'apparence de plongeurs ; et une toile de hamac recouvrant et préservant mon veston me transformait en scaphandrier. Enfin, à 10 heures du matin, par 10 degrés de température, c'était l'assaut d'un dixième mamelon de forme vaste et arrondie, couvert d'herbes et de végétations menues à une altitude de 2,525 mètres.

Pico-Real, sommet altier, sublime ! mais perdu dans une brume opaque, et à tel point inhospitalier, que je me retirai, opérant une descente aidée du chemin frayé désormais. Une marche d'environ

10 kilomètres s'arrêtait en zône sèche, avec 15 degrés, à 7 heures du soir. Notre repos au gros
rocher de Cabeza-de-las-Cuevas fut troublé durant
la nuit entière par des voisins bruyants, mais inof-
fensifs : des porcs et chiens sauvages.

Le quatrième jour... par 18 degrés, à 8 heures
du matin, je continuai à descendre vers l'Ouest,
au milieu d'arbres clairsemés, sur une pente continue, accidentée seulement d'une roche colossale et
d'un ruisseau raviné allant se jeter dans la mer. Par
27 degrés, à midi, je m'éloignai des cases de **Las-
Cuevas**, habitées par des Indiens, se disant de
souche du temps colombien. J'arpentai un agréable
sentier le long d'un littoral sauvage garni de ga-
lets, de coraux et de hautes herbes. J'escaladai une
petite colline dominant un site charmant. Je con-
tournai les pointes de Papajita, Palmita, Dian, très
pittoresques avec leurs rocs schisteux déchiquetés.
J'avançai dans un sous-bois aux végétations sin-
gulières : arbres aux feuilles diversement décou-
pées et aux rameaux amplement arcadés ; d'autres
aux racines visibles, aux troncs multiples — des
jobos, des plantes *cactus* atteignant des tailles de
petits clochers, des lianes *bejucos de lombrisu* étendant leurs tentacules de pieuvres sur un sol em-
pierré. Cette étape aisée d'environ 18 kilomètres
prenait fin aux cases d'Ocujal dont un habitant,
Martinez-Fonseca, offrait du café, des patates, des
œufs, des poulets, du porc séché au soleil ; cet
aimable accueil clôturait dignement notre course
d'environ 44 kilomètres. Nos fatigues furent soudain récompensées par l'apparition des trois plus
hauts sommets du Turquino, enfin dégagé des
nuages !

Le retour par mer devait durer 22 heures. Je m'embarquai par un calme après-midi. Ma barque cotoyait d'abord un rivage boisé, peuplé d'oiseaux aux accents harmonieux mêlés des croassements des perroquets. A la nuit, la houle s'élevait, puis c'était un échouage sur un récif ; enfin, une averse en trombe termina cette excursion mouvementée.

J'avais démoli mon appareil photographique, détérioré mes habits, meurtri mes membres ; en revanche, je rentrai avec une collection de plantes, des observations barométriques et thermométriques, un itinéraire topographique, des photographies de sites, tout cela inédit. Et j'offrais la première vraie description d'un massif abordé plusieurs fois depuis des années, mais jamais exploré en détail.

Il est vrai que cette expédition m'avait été rendue moins rude par de bons habitants de Santiago : le gouverneur provincial Sagol, l'alcalde municipal Bacardi, les négociants Shueg, Brook, Masôn, Tamarelle et Sariol.

Mais bien d'autres avaient tenu à adoucir mes recherches dans le reste de Cuba, pour lequel je me documentai aux personnes suivantes en liste peut-être incomplète :

Encore à Santiago et environs : le consul français Ritt et son chancelier Desloge, l'agent du câble sous-marin Lergier, l'employé des travaux publics Navarrete, le conservateur du musée Bofille, l'institutrice Caignet, l'instituteur Turner, les abbés de Viras et de Cisnéros, M. Dussac père, le photographe Desquiron, les médecins Neyra Robert et

Nin, le comptable de mines Mena, le lieutenant d'artillerie Rodriguez Perez et les propriétaires André, Antomarchi et de Bie.

A Guantanamo et environs : l'agent consulaire français Jouanneau, l'alcalde Giro, le photographe Escalante, le guide Magin Wilson, le chimiste Budan, les propriétaires Pons, Lacau, Durance, Ysalgué et Begué, l'administrateur d'industrie Quintaa.

A Baracoa et environs : l'alcalde Albuerne, le commerçant Boiton, le propriétaire Ortiz et le marchand de vivres Massô.

Autour de la Baie de Nipe : les propriétaires Dumois frères et fils, leur comptable Vidallets et le R. Père German Hilaire.

A Gibara : l'alcalde Cespedes, le juge Cardona. *A Holguin :* l'alcalde Rondan, le photographe Heredia.

A Manzanillo : le journaliste Antuñez, le ministre évangélique Ripoll, le commandant Mendoza, le photographe Rondon.

Au bord du Cauto : l'alcalde Mendieta. *A Bayamo :* l'alcalde Mariño, le chef de police Choren, le photographe Reina Garcia. *A Jiguani :* l'alcalde Lis. *A Baire :* l'alcalde Llopis, le juge Garcia, l'instituteur Vidal. *A Palma-Soriano :* l'alcalde de Garcia, le secrétaire des écoles Ochoa, le propriétaire Lateulade.

A Camagüey : le médecin Adam, le notaire Alvarez Gonzalez, le R. Père Olié et le photographe Naranjo.

A Sancti-Spiritus et environs : le général Teyo Sanchez, le photographe Treilles, le commerçant

Weiss, la commerçante M᷎ᵉ Champion, le contrôleur de la douane Orsini.

A Trinidad et environs : le secrétaire d'alcalde
Mariño Dominguez, le voyageur de commerce
Novoa, le contrôleur de la douane Roche Zerquera.

A Cienfuegos et environs : l'agent consulaire
français Lay, le chef contrôleur de la douane Dor-
ticos, le médecin Perna, le journaliste Andreu, le
commerçant Aguilar, le photographe Otero, le
R. Père Level, les propriétaires Terry, Agramonte,
Diaz Garcia et les commis d'industrie Buchanan,
Brown.

A Santa-Clara : le médecin Trista, les commerçants Montero, le chef de musique Cancio.

A Sagua-la-Grande : l'agent consulaire français Hautrive, le journaliste Estrada, le photographe Casañas. *A Banaguises,* le propriétaire
Mendoza.

A Cardenas : l'industriel Etchegoyen, le conservateur du musée Blancs. *A Guareiras :* le commerçant Coudert.

A Matanzas et environs : l'agent consulaire français Vignolle, l'industriel Perrotin, le pharmacien
Triolet, le propriétaire Zanetti.

A l'Ile des Pins : les propriétaires Keenan,
Tolksdorff, le touriste Freeman-Lane.

A Pinar-del-Rio : le président du conseil provincial Urquiaga, le médecin Rubio, l'avocat Lan-
cis, l'ingénieur des travaux publics Gordillo et son
employé Ottemer, le propriétaire Arias. *A Luis-
Lazo :* le médecin Valdes Brito et le représentant
d'alcalde Carballo. *A San-Juan :* l'alcalde Baster, le
journaliste Marti. *A San-Luis :* l'alcalde Padron, le

commerçant Dasepel, le régisseur de propriétés Carvajal, le propriétaire Calixto Lopez.

A Artemisa : le propriétaire de Beaumont. *A Guanajay :* le correspondant de journaux Perez.

En province havanaise : A Batabano : les commerçants Gardet et Mermin. *A Güines :* le correspondant de journaux Bolado, le président des écoles Rubalcava, l'électricien Estabilio. *A Bejucal :* les médecins Zertucha et Campuzano. *A Madruga :* le trésorier municipal Pozo, le médecin Pardiñas. *A Aguacate :* le propriétaire Pelayo. *A Jaruco :* le propriétaire Fernandez de Castro.

A la Havane :
Les administrateurs de journaux Cayetano Perez, Juan-Gualberto-Gomez, Ramon Catala, les rédacteurs de Saavedra, Delorme, Caneghem et le critique théâtral Barzaga.

Un chef de service de la douane Supervielle, les commerçants Tihista, Verdereau et le président de la Chambre de commerce française Gohier.

Le lithographe Rosendo Fernandez, l'ingénieur Mendoza, les médecins Francisco Zayas, Sanchez Toledo.

Le conservateur de la bibliothèque Figarola, le secrétaire de l'Académie des sciences Le Roy, les chefs de l'instruction publique Martin Morales et Aguiar, le secrétaire de l'Université Dihigo, les professeurs de la Torre et Garcia, le recteur du collège des jésuites R. Père Leza, les directrices de pensions Mmes Dolz et Ollivier.

Les photographes de la Carrera, Blain, Cohner, Testar et El Pincel.

Les familles Sosa, Herrera, et Anckermann m'instruisant des coutumes ouvrières.

Encore à la Havane :
Des institutions gouvernementales et municipales aux fonctionnaires me montrant leurs œuvres.

De grandes maisons ¡de santé et de grandes sociétés de secours mutuels aux médecins et directeurs m'expliquant ces établissements.

Et dans toute l'île :
Des hôpitaux au personnel m'exposant les mesures rétablissant des maladies.

Des cercles de plaisir de race blanche et de race de couleur aux membres me renseignant sur les coutumes.

Des exploitations agricoles et industrielles à des propriétaires me décrivant leurs procédés, même une sucrerie miniature nommée *ingenito Rosila* contée par son maître Pascual Garcia ; la question tabac m'a été révélée surtout par l'acheteur des manufactures françaises Blondeaux, et la question sucre de canne m'a été révélée surtout par les chimistes Pigornet et Escande.

Des collèges officiels et autres pensions avec professeurs m'indiquant les méthodes scolaires.

Des journaux avec rédacteurs m'annonçant complaisamment maints détails : les havanais *Lucha, Discusion, Diario de la marina, Mundo, Figaro*, etc. ; les santiaguais *Cubano Libre, Independencia, Colonia Espanola, Republica ;* ceux de Pinar-del-Rio, Matanzas, Cardenas, Santa-Clara, Sagua, Cienfuegos, Trinidad, Sancti-Spiritus, Ca-

magüey, Gibara, Holguin, Manzanillo, Guantanamo, Baracoa, etc...

Puis, bien des municipalités voulant aider ma
traversée du pays, protégée par les gouverneurs
provinciaux, l'Etat cubain personnifié par un de ses
secrétaires Aurelio Hevia et le président Palma.
Leurs attentions pour moi viennent de ce que
j'étais recommandé de France par le ministre cubain M. Ferrer y Picabia, assisté de MM. Menocal,
Cartaya, Campa, de Blanck, des consuls Barnet et
Pitriccione, du chancelier Gomez et par le nouveau
représentant de la république cubaine, le général
Collazo.

CONCLUSION

Je ne voudrais pas quitter **Cuba** sans essayer de montrer sa **situation économique générale actuelle**, et chercher à citer quelles **affaires** pourraient être tentées surtout par mes compatriotes.

Ce pays est vraiment merveilleux, possède un sol exceptionnel. Mais les bras manquent pour la culture : seulement 17 habitants par kilomètre carré. Sur près de 12 millions d'hectares, 3 millions 1/2 sont cultivés, dont 35,000 en tabac et 170,000 en cannes à sucre.

Au dernier siècle, des arrivages d'esclaves, qui ne coûtaient que leur entretien, firent prospérer plusieurs affaires, au point que chacune rendait annuellement 400,000 francs. Mais de grandes affaires ont commencé à être provoquées, en 1902, 1903, 1904, 1905 et 1906, par une vraie invasion de 12,651, 19,817, 40,560, 52,652 et 29,572 immigrants (total 155,252) : d'abord des Espagnols formant le 83 pour cent (128,003) ; ensuite des Américains des États-Unis, le 5 pour cent (8,271) ; puis des Antilliens, des Américains, des Syriens (1,358), des Allemands (586), des Anglais (3,718), et des Français (1,324). Les affaires les plus fortes sont commanditées par 500 millions de francs avancés

par des capitalistes américains des Etats-Unis :
1° pour exploiter le 30 pour cent de la propriété, et
les 20 et 54 pour cent des industries du tabac et du
sucre ; 2° pour spéculer sur des terres vendues à
des colons venus principalement du nord des Etats-
Unis ; et 3° pour faire un commerce d'importation
accru, ces dix dernières années, de plus de 139 pour
cent, ayant obtenu en 1907 la somme de 267 millions 1/2 de francs. Entraîné par cet élan, le marché cubain voyait son commerce d'exportation
accru de plus de 500 pour cent, ayant atteint la
somme de 523 millions 1/2 de francs pour les envois
aux Etats-Unis, et une somme dépassant seulement
84 millions de francs pour le reste du marché mon-
dial. De ces chiffres, il appert que chaque Cubain
produit plus de 273 francs, moyenne qui n'a jamais
existé dans aucun pays.

Une telle force vive résulte de deux entreprises
à peu près seules jusqu'ici pratiquées, parce
qu'elles étaient les seules rémunératrices. Celles-ci
du sucre et du tabac sont exposées à des varia-
tions dans les commandes étrangères ; aussi, elles
donnent lieu, depuis ces dernières années, à d'autres entreprises prometteuses, certaines d'un bon
avenir.

Si des ouvriers étaient amenés, pouvant ainsi
faire baisser le prix de la main-d'œuvre, l'**Agriculture** offrirait de grands avantages dans les exploitations suivantes :

L'élevage du bétail avec les herbes guinea et
paral, qui, irriguées et drainées, constituent d'excellents pacages. Les bœufs se vendent pour la
boucherie de 250 à 400 francs ; les vaches valent

235 francs, et, gardées, donnent par jour 10 litres de lait qui se vend 40 centimes le litre ; le beurre 4 francs le kilog. Les mules se paient 400 francs ; le prix d'achat des porcs se quintuple dès la première année. Et tous ces animaux, vivant à l'air, n'exigent presque aucun frais ; les porcs se nourrissent de graines de palmiers et d'arbustes.

Les volailles produisent beaucoup d'œufs soldés à 8 centimes ; et les abeilles ont un miel excellent dosé à 42 degrés, rapportant 120 francs par ruche.

Les bananiers et les cocotiers sont entre les mains de sociétés américaines qui ont le monopole de ces cultures. Mais, d'autres arbres fruitiers sont à des propriétaires libres. Le caféier, malgré sa longue préparation donne, par 13 hectares 1/2, 0,200 kilos, rapportant, aux 46 kilos, net 62 fr. 40. Le cacaoyer, jouissant d'une préparation plus facile, donne par semestre jusqu'à 500 gousses, dont les 46 kilos rapportent net 41 fr. 60. L'ananas vert ou jaune, semé en tout temps, pousse en abondance. Dans les 13 hectares 1/2, au bout d'un an, on en récolte 18,000 douzaines, et, après trois ans, 54,000 douzaines rapportant 50,000 francs. Restent encore les orangers, les citronniers et les manguiers.

Les tomates, les pommes de terre variées, les asperges sont très rémunératrices. Le maïs donne 4 récoltes annuelles. Le riz, les fraises et les fleurs poussent aussi très bien.

Toutes ces exploitations, en dehors du bétail, pourraient convenir à des gens modestes, disposant même de moins de 20,000 francs.

Les cultures industrielles de caoutchouc, de

coton et de fibres textiles, entraîneraient plus de difficultés.

Prochainement, lorsque les communications améliorées réduiront les frais de transport :

L'expédition des bois sera très lucrative vers l'Europe qui se déboise ; les 1,000 pieds se vendent aux ports de sortie : le cèdre 197 fr. 60, l'acajou 208 à 624 francs, tous les autres arbres 93 fr. 60.

L'expédition des minerais sera une affaire excellente et sûre ; un débouché inépuisable aura lieu vers les États-Unis. La concession des gisements ne paie qu'un droit annuel de 5 à 10 francs l'hectare. Les mines, souvent à ciel ouvert, donnent 62 pour cent de fer, 45 pour cent de manganèse, et 20 pour cent de cuivre. La tonne se vend aux ports de sortie : pour le fer 10 fr. 60, pour le manganèse 26 fr. 30 et pour le cuivre 62 fr. 75.

Tout ce qui a été énuméré jusqu'ici pourrait être tenté, surtout dans la belle Province d'Orient qui abonde en sol vierge et en gisements miniers, dont les 13 hectares 1/2 descendent leur prix d'achat jusqu'à environ seulement 520 francs.

Dans toute l'île augmentant de population :

L'industrie assurerait de grands succès dans des exploitations nouvelles qui font défaut : fabrication d'appareils pour les sucres, briquetterie, tuilerie, cimenterie, filatures de coton et de laine, teinturerie, chapellerie, cordonnerie, savonnerie, huilerie, brasserie, corderie pour employer les fibres textiles, carrosserie pour utiliser les bois durs et précieux, papeterie pour tirer parti du résidu de la canne... bagasse.

Le Commerce constituerait de jolies affaires à traiter, non par le moyen de magasins déjà trop nombreux, mais par l'envoi de voyageurs. Entre autres, les voyageurs français ne devraient pas se laisser distancer par la concurrence de leurs collègues belges, allemands ou américains pour le placement des gros articles : ponts, rails, matériaux, et encore moins pour : les produits chimiques et pharmaceutiques, les tissus d'habillement et de toilette, les modes, la lingerie, la bijouterie, la parfumerie, les tulles de moustiquaires, la quincaillerie, etc., déjà importés pour 25 millions de francs par Paris à tout Cuba, en son principal port La Havane. De même aussi, Santiago mériterait d'être proportionnellement favorisé à présent qu'il reçoit une ligne de vapeurs de la Compagnie Transatlantique venant de France.

Un essor d'articles français, vers cette grande ville orientale, inciterait les autres régions cubaines à préférer nos marchandises à celles venues d'Espagne, souvent moins bonnes et plus chères. L'envoi de nombreux échantillons serait nécessaire, même pour nos produits alimentaires : confiserie, biscuiterie, huiles, spiritueux, surtout pour nos conserves dont les arrivages actuels ne dépassent pas 125,159 francs, tandis que les Espagnols en amènent pour 544,320 francs. De même, les vins du Bordelais, de l'Aude et de l'Hérault ne représentent que 242,450 francs, tandis que les Espagnols arrivent à 9 millions 852,175 francs. Pourtant, nos vins progressent, depuis que l'entrée est tombée à 20 francs l'hecto et qu'un impôt intérieur a enrayé la fraude.

Assurément, le marché vinicole s'accroît, une

des dernières arrivées annuelles ayant atteint
25,000 barriques. Espérons mieux d'un pays qui
commande déjà annuellement 114 millions 1/2 de
francs en tous approvisionnements alimentaires.

Ce qu'il faut combattre, c'est la contrefaçon. Les
marchands cubains se croient pourvus de nos produits, mais ils n'en ont que de fausses étiquettes.
Nos marques authentiques devraient être mieux
défendues et se montrer davantage. Nos maisons
devraient s'unir pour entretenir des dépôts dans les
villes, exécuter des envois prompts à des conditions
assez larges, par lignes directes de vapeurs ou par
la marine marchande, battant pavillon français.
Pour subvenir à ce négoce, une banque française,
« Banco Nacional de la Habana », est déjà fondée
avec l'appui de la haute banque de Paris.

Pourquoi nos affaires ne réussiraient-elles pas ?

Après cinq années de paix, en 1907, le pays cubain a déjà atteint le total de 1 milliard 153 millions 416,451 francs d'échanges avec l'étranger,
trafiquant surtout avec les pays suivants :

exportant pour 523,397,342 fr. aux Etats-Unis ;
pour 23 millions 433,581 francs en Angleterre ;
» 20 » 000,328 » » France ;
» 3 » 324,744 » » Espagne ;
important pour 267,524,675 fr. des Etats-Unis ;
pour 79 millions 679,501 francs d'Angleterre ;
» 49 » 394,810 » d'Espagne ;
» 39 » 480,095 » d'Allemagne ;
» 34 » 547,895 » de France.

L'initiative française n'a pu, jusqu'ici, produire
qu'un commerce de 34 millions 1/2, et engager
dans des entreprises, qu'un modeste capital d'envi-

ron 125 millions qui figurent peu à côté d'environ 500 millions de francs engagés par les Américains des Etats-Unis.

Ceux-ci ont raison de rendre la nation cubaine grande exportatrice, la faisant assez riche pour recevoir leur considérable importation. Par tous leurs articles assez spéciaux, ils ne font pas tort toutefois à davantage d'articles courants qui peuvent être envoyés, surtout par notre contrée européenne.

D'ailleurs, il est intéressant de se mettre en rapport avec le peuple cubain qui a le goût inné de la dépense et qui emploie son argent avec intelligence. Presque tous les achats, en ce territoire exotique, ne comprennent que des produits de grande civilisation.

Enfin, je me permets de signaler que la plus grande île Antilienne a une situation géographique rêvée qui la recommande pour affaires, dès après l'Algérie, la Tunisie, le Maroc et le Sénégal, à la plus vive attention de la France.

Ce récit de voyage sera-t-il suffisant ? Revenant du pays cubain, très compliqué, je crains que bien des détails et des fautes aient été omis et commises dans ce livre.

Mais, puisse-t-on agréer avec indulgence ces impressions, qui, quoique imparfaites, réussiront peut-être à répandre et faire aimer Cuba, mon principal but auquel je serais heureux de parvenir.

CHARLES BERCHON,
Membre de la Société de Géographie.

Paris, 1ᵉʳ juillet 1910.

TABLE DES MATIÈRES

SCEAUX. IMP. CHARAIRE

www.ingramcontent.com/pod-product-compliance
Lightning Source LLC
Chambersburg PA
CBHW051245050726
47594CB00001B/318